菜根谭

小窗幽记

围炉夜话

闫林林◎解译

精华版

中国纺织出版社

内 容 提 要

《菜根谭》《小窗幽记》《围炉夜话》历来被誉为中国人修身养性三大经典读本、三大处世奇书。三书皆文字优美隽永，蕴含丰富哲理。本书从三书中遴选立身处世、读书治学、修身养性、闲逸幽趣等方面的精华，避三书之重复，使其思想性与艺术性俱佳的部分更加充分和鲜明地展现在读者面前，并结合古今中外的故事及当今社会发生的真实事例对其内容进行深入阐释和解读，使其哲理的表现更生动、更鲜活，对人心灵的滋养更长久、更有效。

图书在版编目（CIP）数据

《菜根谭》《小窗幽记》《围炉夜话》：精华版 /
闫林林解译. —北京：中国纺织出版社，2016.1（2020.4 重印）
ISBN 978-7-5180-2159-8

Ⅰ.①菜… Ⅱ.①闫… Ⅲ.①个人—修养—中国—
明清时代②人生哲学—中国—明代 Ⅳ.①B825

中国版本图书馆CIP数据核字（2015）第272904号

责任编辑：李伟楠　　责任印制：储志伟

中国纺织出版社出版发行
地址：北京市朝阳区百子湾东里A407号楼　　邮政编码：100124
销售电话：010—67004422　传真：010—87155801
http://www.c-textilep.com
E-mail: faxing@c-textilep.com
中国纺织出版社天猫旗舰店
官方微博http://weibo.com/2119887771
北京通天印刷有限责任公司印刷　各地新华书店经销
2016年1月第1版　2020年4月第4次印刷
开本：710×1000　1 / 16　印张：18
字数：240千字　定价：36.80元

前　言

　　《菜根谭》《小窗幽记》《围炉夜话》三部名著，是历史上最经典的处事奇书，被赞誉为中国人修身养性的三大经典读本。这三部书的妙处是不分读者的年龄段，每个年龄段的读者都可以在书中找寻到对自己大有裨益的论点与解读，并能够从中获益。这三本典籍虽是劝世读本，但措辞既优美隽永，又浅显易懂，其中所举的例子也生动活泼。三书自身蕴含的这些魅力是其成为传世经典的重要原因。

　　"菜根"一词本出自北宋学者汪信民的一句"咬得菜根，百事可做"。这句话的意思是说，一个人只要坚强地适应清贫的生活，不论做什么事情，都会有所成就。《菜根谭》的作者洪应明偶见此言，一时有感而发，便以此立意，定"心安茅屋稳，性定菜根香"为主旨，写下了几百年传世不衰的菜根箴言。这些箴言融合了儒家的中庸思想、道家的无为思想和释家的出世思想，深入浅出地讲述关于修养、处世、出世等多方面的人生哲学，告知后世读者享受平凡、活出真我，自会觅得人生真味。

　　《小窗幽记》则以"醒"字开始，仿佛要给人当头棒喝，要惊醒这个世上还在彷徨、迷茫、不知所措的人们，整本书为世人带来的是中国几千年历史中的智慧和思想结晶，表现的是古人丰厚的人生智慧和处世哲学。全书虽然成书于明代，其思想却贯穿古今，每一个人都能从书中找到人生问题的答案。

　　《围炉夜话》一书以"安身立业"为总的话题，从道德、修身、读书、教子、忠孝、勤俭等多个方面进行阐述。书中以大量笔墨揭示"立德、立功、立言"的重要性，传达出作者对人生价值的深刻思考，尤其在理想、教育、交友、贫富、读书几个方面予以重点论述。作为一部短小精悍、富有哲理的经典读物，《围炉夜话》中还有许多关于修身养性、为人处世的至理名言。翻阅这本通俗易懂、道理深刻的著作，你可以吸取古人更多的精神财富，远离迷茫与困惑，迎来内心的彻悟与通达。

　　为方便大家在繁忙劳顿之余，细细品读这三部佳作，笔者专门编著了此三部经典之精华于一体的《<菜根谭><小窗幽记><围炉夜话>（精华版）》。

　　本书以权威版本为核校底本，力求准确、通畅，在形式上则兼顾经典性与大众性，深入浅出地将古人对生活以及世事的感悟简单明了地呈现在大家的面前。本书对原著中的内容进行了细密的梳理，并结合当今社会近几年一些普通人身上发生的各类真实故事和另一些历史故事来印证古人的观点，仔细剖析，认真阐释，让人在短时间内，迅速懂得、理解、并顿悟。力求以充满时代感的文字让读者收获最佳的阅读效果。

品读本书，使人心旷神怡，重温那种已被淡忘的真趣；也可省察己身，使被烦恼、压力束缚的身心得以解脱。同时，也会帮我们稀释现实生活中的种种烦恼和焦虑，找到解决生活中一些问题的方法。

希望这本凝结着众多人心血的著作，可以帮助大家除去工作中的压力、人际交往中的困惑以及生活中的纠结心态，以真我之心反省自身、以豁达之情看待明日。无论是在阅读中还是在合上书页之后，希望你在不知不觉中放松下来，开阔心胸，放慢脚步，在实现人生价值的同时尽情地享受生命带给我们的快乐。

解译者

2015年9月

目录

《菜根谭》

《围炉夜话》

《菜根谭》

第 1 章

初念：
不忘本心，方有始终

心性纯真，
世间一切皆是美景

【原文】

　　涉世浅，点染亦浅；历事深，机械亦深。故君子与其练达，不若朴鲁；与其曲谨，不若疏狂。

【意译】

　　初涉世的年轻人，虽然阅历很浅，但受到不良习气的影响也比较少；而饱经世事、阅历丰富的人，各种奸谋技巧往往也很多。所以，一个坚守道德准则的君子，与其处世圆滑，不如保持朴实的个性；与其事事小心谨慎、委曲求全，不如豁达一些，才不会丧失纯真的本性。

【解读】

　　从我们完成学业，步入社会的那一刻起，新的学习也开始了。日子一天天过去，我们经历的事情越来越多，学到的也越来越多。我们也随着时光的流逝渐渐沾染了社会的色彩，褪去稚嫩，多出几分圆滑。这时就会出现不一样的人生逆转，好或坏，我们再也不是原来的我们。但是一个真正坚守道德准则的人，不会因为身陷逆境而丧失掉自己的初心。这种人是《菜根谭》作者所钦佩的那一种，朴实笃厚、坦荡大度。

　　其实生活很简单，我们以什么样的态度对待生活，生活就会以什么样的态度回报给我们。

　　世界著名童话大师安徒生生于丹麦一个贫困家庭，他的爸爸是鞋匠，妈妈是洗衣工，祖母年老体弱，还常常外出乞讨以补贴家用。在别人眼中，安徒生是个可怜的孩子，没有玩具，甚至没有朋友，吃穿就更没有条件讲究。

　　但是在安徒生的心中，这些都不是值得伤心的事情。相反，他童年的每一天过得都很快乐。安徒生在自家矮小的杂物室里面玩耍，将爸爸捡来的一些废旧物品当成玩具，并给每一个玩具都编出一个故事。祖母经常讲故事给他听，他几乎能记住每一个，再拿来细细"加工"一番，讲给家人听。安徒生没有受过正规教育，但是他自己阅读了家里所有的书。当他从藏在小屋里编故事的"鼻涕虫"成长为一个翩翩少年的时候，心中已经装满了传奇的故事和对美好生活的向往。

正如他的故事中经常有的场景，安徒生怀着一颗纯洁的处子之心踏上了人生的旅途，眼前的一切对于他来说都是神秘而美好的，他始终相信自己能够拥有好运气。安徒生一开始并没有专门从事创作，他尝试过演舞台剧，并为表演创作剧本。开始的路程总有困苦和波折，但埋藏在他心中的童话故事让他一直对生活充满激情和希望。最终，他的童话被译成各种文字，走进世界各地的家庭，带给孩子们丰富的想象和无穷的欢乐。这种魔力正是源自他童年时那颗敏感、活跃的心灵——在别人看来一只臭烘烘的旧袜子，在他的眼里却是美丽公主逃难时留给哥哥的记号！

诚如俗语所说，天下最成功的人，就是老实与单纯的人。老实人没有心机，单纯的人想不到那些拐弯抹角和委婉曲折，所以他们诚恳地对待生活、对待人和事，也因此他们往往最容易成功。

永葆初心，
才能善始善终

【原文】

为善不见其益，如草里冬瓜，自能暗长；为恶不见其损，如庭前春雪，势必潜消。

【意译】

虽然做好事不一定能立即看到什么好处，但是好事的益处就像掩在草里面的冬瓜一样，于不知不觉中长大；做了坏事也许不会立即看出对自己的损害，但恶人就像春天庭院中的积雪一样，阳光一照就会悄悄地融化消失。

【解读】

人活世间，无论谁都不能左右事件的发生与发展，事情总是朝着我们不能预计的方向行进，让人难以预料。就如同我们怀着初心和善念去做一件好事，大方的人从来不在意别人是否回报自己，往往假以时日却得到了回报。小气的人总是担心自己吃亏，把周围的人都想成吝啬鬼，到头来却被别人算计。就如同有的人原本不是恶人，但是机会当前，也会做下违背良心的错事。人们往往会抱有侥幸心理，自认为损人利己的事偶尔为之并无大碍，岂不知正是这种想法，让他做下的坏事如同掩埋在草里的冬瓜，随着时间的推进，慢慢成熟长大，最后恶因种下恶果，使自己不能善终。

有一个年轻人出生在农村，他从小渴望成为一个作家。为此，他十年如一日地努力着。他坚持每天写作500字，一篇文章完成后总是反复修改，直到自己满意之后，才满怀希望地寄往远方的报社、杂志社。可是，多年以来，他写的东西从没有只言片语变成铅字，他甚至连一封退稿信也没有收到过。因为他长期坚持投稿，自然和许多杂志社的编辑都会有联系，而一旦有热爱文学的年轻人打算走这条路，他立即就会把自己这些年积累的资源倾囊相授。

亲戚朋友都笑话他有点傻，跟他讲："一份杂志的篇幅始终有限，你介绍别人去，他岂不是顶了你的位置？"对此他一笑置之。

29岁那年，他总算收到了第一封退稿信。那是他坚持投稿的刊物的总编寄来的，信中写道："……看得出，你是一个很努力而热心的青年。感谢你介绍来那么多优秀的作者，但我不得不遗憾地告诉你，你的知识面过于狭窄，生活经历也相对苍白，这些说明你可能不适合创作这条路。但我从你多年的来稿中发现，你的钢笔字越来越出色……"就是这封信，点醒了他的困惑。他毅然放弃了写作，开始研习书法，果然进步很快，展露出与众不同的书法艺术天赋。

他将自己几年的作品整理出来，准备举办一个展览，大家嗤之以鼻，都认为他没有什么名气，不会有人来看。让人没想到的是，他没花一分钱宣传费，各大主流媒体却对他的活动争相报道。书法展举办当天，看到诸多来宾，年轻人终于恍然大悟，那些他曾经帮助过的人，那些与他神交多年的编辑纷纷到场祝贺，也正是他们为他的书法展进行大力推广，使他成为一位很有名气的书法家。

世界就是这样一个循环，你对它微笑，它也笑着看你；你皱眉视之，它也皱眉看你。所以，如果你想看到一个美好、充满善意的世界，最简单也最有效的方法，就是让自己的心灵永葆初心、纯净自然。

人品极处，
本心使然

【原文】

文章作到极处，无有他奇，只是恰好；人品做到极处，无有他异，只是本然。

【意译】

文章写到纯熟完美的最高境界，没有什么特别奇妙的地方，只是把自己内心的感情和思想表达得恰到好处；品德修养到最高境界时，没有什么特别的地方，只是使自己的精神回到纯真朴实的本然之性。

【解读】

有位富商讨了四个妻子：第一个妻子伶俐可爱，整天作陪，寸步不离；第二个妻子是抢来的，长得如花似玉，很美丽；第三个妻子，沉溺于生活琐事，让他过着安定的生活；第四个妻子工作勤奋，东奔西忙，使丈夫根本忘记了她的存在。

有一天，商人就要辞世，他决定考验一下哪位妻子是真心对待自己的，于是将四位妻子叫到面前，对她们说："我不久于世，你们平常都说对我好，如今谁愿意和我一起去阴间远行呢？"

第一个妻子说："你自己去吧，我才不陪你！"

第二个妻子说："我是被你抢来的，本来就不是心甘情愿的，我才不去呢！"

第三个妻子说："尽管我是你的妻子，可我不愿受苦，我最多送送你！"

第四个妻子说："既然我是你的妻子，无论你到哪里我都跟着你。"

于是，商人欣慰地点点头，与世长辞。

在这则故事里，第一个妻子是指肉体，死后还是要与自己分开的；第二个妻子是指财产，它生不带来，死不带去；第三个妻子是指在生命中陪伴我们的人，活时相依为命，死后还是要分道扬镳；第四个妻子是指每个人的本心，人们时常忘记它的存在，但它却永远陪伴着自己。

生活中，如果想真正掌控自己的人生，首先要让自己保持善良的本心。一个人想要到达远方，就要踩在善良的踏板上。一个人想要拥有至高的人品，就要让自己这颗善良的心始终经得起考验。只有做好内在的修为，才能够拥有外在的成就。当我们从善心启程，就不会逾越心灵的界限，失去办事的分寸，自然会修得本然却至极的人品。

真味是淡，
素心对世事

【原文】

醲肥辛甘非真味，真味只是淡；神奇卓异非至人，至人只是常。

【意译】

烈酒、肥肉、辛辣、甘甜，并不是真正的美味，真正的美味是清淡；行为标新立异的人，并不是真正有德行的人，真正德行完美的人，其行为平凡无奇，只是精神境界超过常人。

【解读】

做人宜淡不宜浓，淡中现出真趣味，淡中现出平常心。再美味的食物，一日三餐不离口总会吃腻的；过于特立独行的人，往往因为太过特殊而不合于群。世界上最可口的食物不过是家常菜，德行完美的圣人不过是普通人。

我们生为凡人，不要幻想生活总是那么圆圆满满，也不要幻想在生活的四季中永远享受春天，并不是谁都可以轰轰烈烈一辈子，每个人的一生都注定要跋涉沟沟坎坎，品尝苦涩无奈，经历挫折与失意。

说到底，我们都是常人，即使已身居高位、拥有万贯家财，我们都应保持一颗"初心"和一种平和的心态。记住了自己是常人，才会有一颗常人心。这样，无论是面对挫折还是惊喜，我们都会以一种平和的心态看待，从而避免绝望和自满。

落英在晚春凋零，来年又灿烂一片；黄叶在秋风中飘落，春天又焕发出勃勃生机。艰难险阻何尝不是人生给我们的另一种形式的馈赠。受得这份馈赠我们的心境才能成熟洒脱。

在现实生活中，无论是功成名就的企业家，还是德高望重的大师学者，他们并不是生就如此，而是在平凡中实践人生理想。身为普通人更是如此，只有在平凡之中才能保留人的纯真本性，心态平和地对待人生，才能在平平淡淡中品味人生百味，解生活烦腻，进而在平凡中显出英雄本色。

保持本心，
练达抵不过真性情

【原文】

君子之心事，天青日白，不可使人不知；君子之才华，玉韫珠藏，不可使人易知。

【意译】

有道德有修养的正人君子，思想行为应该像青天白日一样，没有什么需要隐藏的；而他的才华和能力应该像珍贵的珠玉一样深藏，不轻易让人知道。

【解读】

正如一句名言所说："不要因为走的太远，而忘记了我们为什么出发。"

人生路途漫漫，很多人为了实现自己的目标，学会了揣摩人心、洞察世事，学会了改变自己迎合他人，辛苦经营的结果却适得其反，实在是得不偿失。

国学大师陆宗达年轻的时候向他的老师黄侃请教治学的方法，老师什么都没有讲，只给他一本没有标点的《说文解字》，让他回家把所有的标点都点上。《说文解字》是东汉许慎所著，里面引用了大量的典故，没有扎实的文字功底是绝对无法为其准确地加标点的。陆宗达依教而行点完标点，再见老师。老师翻了翻那本书，要求再买一本，重新点上。

如此三次，陆宗达的同乡觉得这已经不是简简单单的做学问了，他让陆宗达想想，是不是有什么地方得罪了老师，或者说是不是应该给老师适当地表示一下。陆宗达义正词严地对他说："我是来学习知识的，既然老师说我做的不对，肯定是有不对的地方，不去想学习上的事，而去关联其他，岂不是庸人自扰。"当陆宗达第四次来到老师面前，递上翻得很破的《说文解字》时，黄侃说："《说文解字》你已经烂熟于心，这文字文学，你已得大半，不用再点了。以后，你做学问也用不着再翻这本书了。"

国学是一门讲求积累的学问，没有扎实的古文基础和文字功底，悟性再好也无济于事。正是基于这一点，老师先让陆宗达反复地标点，其实已经让他把文学知识烂熟于心了。如果陆宗达听信了同乡的话，反倒把心思用在胡思乱想上，那他肯定也不会有后来的成就。陆宗达深感自己的幸运，因为他遇到了一个会教学的老师。事实上，是陆宗达保持本心的真性情，帮助他迈向了成功。

心地光明，
何用锋芒外露

【原文】

　　宁守浑噩而黜聪明，留些正气还天地；宁谢纷华而甘澹泊，遗个清名在乾坤。

【意译】

　　做人宁可保持纯朴自然的本性，摒除后天的机心巧诈，留些浩然正气还给大自然；宁可抛弃世俗的富丽繁华，甘心过着淡泊宁静的生活，也要留一个清白的声名在世间。

【解读】

　　《庄子·刻意》中说道："众人重利，廉士重名，贤士尚志，圣人贵精"。从众人到圣人的过度是修为的递增，同时也是人摆脱外物、名利束缚的渐变。圣明的人喜欢跟外物和顺而厌恶为自己求取私利；为个人求取私利，在圣人看来是一种严重的病态。

　　在现实生活中，同样隐藏着为数不少的世故机心。被世故机心占据的人对待任何人、任何事时，总是从"是否有用"这点来考虑。他们交朋友，只是为了今后能有一个良好的人际关系；做工作，只是为了能够赚取更多钱财；谈恋爱，只是为了满足个人一时的私欲；孝敬父母，只是为了博取一个好名声……总之，不管做什么事，总是目的在先，名利当头。

　　而另一种人，则看着老实愚钝，实则胸中藏有乾坤，这类人大多有着文韬武略而不肯轻易示人，一旦委以重任，必然会被他澄澈光明的强大内心所折服。

　　孙武在吴都（今苏州市）郊外结识了楚国名臣伍子胥。伍子胥因为家门的牵连，被迫流亡到吴国。他也是一个很有志向的青年，希望在吴国有所建树，将来为家人报仇。两人结识之后，发现彼此意气相投，于是成为挚友。两人避隐在吴国的市井当中，等待机会面见吴王。

公元前515年，吴国公子光自立为王，即吴王阖闾。阖闾当政之后，就礼贤下士，任用了伍子胥等一批贤臣。阖闾体恤民情，注重农业生产，积蓄粮食，修路筑城，训练军队，一时间吴国民心振奋，呈现出一派欣欣向荣的景象。阖闾立志要强盛吴国，灭楚称雄。这一切都被孙武看在眼里，因此他在隐居之地，一边灌园耕种，一边写作兵法。

有一次，吴王向伍子胥打听战事方面的人才，伍子胥向吴王推荐了孙武。孙武在吴国毫无名气，很难被吴王信任。吴王就给孙武出了个难题。

吴王让孙武操练后宫嫔妃，只要她们听从调遣，孙武就可以被录用。孙武把宫女分成两队，并让吴王最宠爱的两位妃子分别担任队长。孙武命众妃子听命，排成两队从两边向中间靠拢，但是妃子们只顾打闹嬉笑，全无章法。于是，孙武就把两队的队长按军法处决了，然后妃子们就乖乖地听从号令，孙武也被正式录用。吴王做梦都没有想到，看似粗笨懦弱、庄稼汉一样的孙武，做事这般果决，便拜孙武为将军。

孙武不负众望，他写好的13篇兵法，就是今天的《孙子兵法》。这本书共有六千字左右，在字数上还不及如今一个本科生的学士论文，但是其中所讲的克敌制胜的战略战术，几乎成了军事理论上无法超越的经典。

孙武很有军事才干，可他一直隐忍不发，相信就算吴王不能重用他，他仍然会耕种，秋收，研习兵法而不骄不躁。

能与这种心境相提并论的，莫过于《菜根谭》的一句"宁谢纷华而甘澹泊"给人带来的一股清新气息。一个人不羡浮华、不求名利，一切顺其自然，虽然不会有大富大贵，至少可以做他自己，不留悔恨给自己，也不留把柄在人手。具体说来，处理问题纠葛，不丧失正气；挣钱谋生，不图物质享受；和人相处，真心相待；个人修养，不养妄心，专修谦和。做得这几点，一个人也就品得了菜根中的真意。

自我审视，
反省才得本心

【原文】

　　事穷势蹙之人，当原其初心；功成行满之士，要观其末路。

【意译】

　　一个人在事业上遭受失败、穷途末路时，要使他恢复当初奋发上进的精神；一个人功成圆满时，要观察他是否能永远维持下去。

【解读】

　　时刻保持自我审视，才能得到本来的初心。

　　所谓"自我审视"应是一种相对稳定的为人处世的态度，不在逆境中改变初衷，不在顺境中放下操守，是它最核心的内涵。几乎每一个人刚走上社会都是满怀希望与抱负，然而一些人遭受多次挫折，经历艰难困苦之后，一颗原本质朴的心变了：爽直的人变得吞吞吐吐，心灵扭曲了，抱负丧失了，最后变得满腹怨怼之情。事实上，一个人无论何时何地都要保有自我审视的修养，永远保持一颗光明磊落、纯洁质朴的心，外界环境不仅不会影响和改变他，还会促使他不断精进。

　　在美国，有一个家喻户晓的名字，叫作乔纳森。乔纳森并没有过人的才华，也没有做出什么惊天动地的大事，却成了全美国人心中最优秀的青少年楷模之一。这究竟是为什么呢？

　　约翰·乔纳森18岁读高中时，有一天，他独自在父亲的农场里干活。当他在操作机器时，因为操作失误，不慎在冰上滑倒了，他的衣袖绞在机器里，两只手臂被机器切断。乔纳森忍着剧痛跑了400米来到一座房子里，他用牙齿打开门闩，爬到了电话机旁边，用嘴咬住一支铅笔，一下一下地拨通他表兄的电话，他表兄马上通知医院去救护。

　　乔纳森接受了断肢再植手术，一个半月以后，便快快乐乐地回到了自己的家里。半年以后，他已能微微抬起手臂，并已经回到学校上课了，他的全家和朋友都为他感到自豪。

美国人为什么喜欢乔纳森呢？人们除了佩服他的勇气和忍耐力外，还赞赏他遇事冷静沉着的精神。最重要的是，他面对断臂没有心灰意冷，也没有就此自暴自弃，而是正视现实，重新开始新的生活。

面对失败挫折时我们要保持初心，功德圆满、名利双收时则更应该如此，不因此时顺境就放松自己为人处世的原则，是非常重要的。

第 2 章

静心：
心安然，看一段风景

谦虚圆融，
切莫自以为是

【意译】

　　能够建立宏伟功业的人，大多是处世谦虚圆融的人；容易失败、抓不住机会的人，是性情刚愎固执的人。

【解读】

　　一切真正的和伟大的东西总是纯朴而谦逊的。谦虚的人，做起事情来能够脚踏实地，学到更多东西。但现实却是，许多人往往不能正确对待名誉和成绩，有的人拔尖逞能，有的人自大自满，有的人因为小小的成就沾沾自喜。这些"自是"的表现，最终必会影响个人的成长和发展，甚至使自己脱离集体，失去朋友，成为一个狂妄自大的人。

　　提起刘邦与项羽，人们都不会忘记他们在历史烽火台上演绎的那场惊心而曲折的楚汉之争。人们喜欢用"鬼雄"、"人杰"来评价项羽，而将"无赖"之名加之于刘邦，但刘邦为什么能够打败项羽，一统天下呢？这或许与两人的性格有关。

　　能建立丰功伟业的人，大都性格比较圆融谦虚，并且在用人方面有自己的独特见解，因为仅仅凭借个人力量是不可能成就大业的，汉高祖刘邦、善于纳谏的齐威王、以人为镜的唐太宗都是如此。空心的稻穗总是高傲地举头向天，而充实的稻穗则低头向着大地，向着它们的母亲。

　　古语云："取象于钱，外圆内方。"这不是老于世故。实际上，圆是为了减少阻力圆是为人处世之道。圆通不能简单地等同于圆滑，圆通是一种成熟的智慧，很多时候表现为谦逊，是成功者不可或缺的素质之一。而那些性格执拗又刚愎自用的人，往往听不得别人的意见，自以为是，也难免常常失机偾事了。成事要有机遇，机遇对人是公平的，谁发现得早，谁就会抓得牢，就像坐车一样。固执己见的人往往被自己的执拗、自己心中固有的思维定势所迷惑，而看不到外面的变化来调整自己。所谓"祸福无门，唯人自招"就是这个道理。

正气清白，
将喧嚣留于世俗

【原文】

把握未定，宜绝迹尘嚣，使此心不见可欲而不乱，以澄悟吾静体；操持既坚，又当混迹风尘，使此心见可欲而亦不乱，以养吾圆机。

【意译】

当一个人的意志还没有坚定，不能自我把握控制时，应该远离物欲环境的诱惑，这样就不会使心迷乱，才能领悟到清明纯净的本性；当意志坚定，可以自我控制时，就要让自己多跟各种环境接触，即使看到物质的诱惑也不会使心迷乱，借以培养自己圆熟的灵性。

【解读】

离尘嚣，可令心远离红尘欲念，即心不见可欲而不乱。但这只是心灵修行的第一步，更高的一层境界，是在浊世中慢慢修习到身心清净，这样学问修养可达到微妙玄通、深不可识的境界。那么，如何能够在浊世中慢慢修习到身心清净呢？一言以蔽之，即止水澄波。

一杯混浊的水，放着不动，长久平静下来，混浊的泥渣自然沉淀，终至转浊为清，成为一杯清水。心如止水，由浊到静，由静到清，在混浊动乱的状态下平静下来，慢慢稳定，臻于纯粹清明的地步，不容尘埃。儒家曾子所著的《大学》中讲述修身养性时说"知止而后有定，定而后能静，静而后能虑，虑而后能得"，亦同此理。

特蕾莎修女于1910年生于南斯拉夫，37岁正式成为修女，1948年远赴印度加尔各答，1950年正式成立仁爱传教修女会，竭力为处于贫困中的最穷苦者服务。她曾于1979年获得诺贝尔和平奖，并被人尊称为"贫民窟的圣人"，世人亲切地称她为"特蕾莎嬷嬷"。

世人为什么这样尊敬她，这还要从她曾经放弃优越的生活说起。特蕾莎修女原本家境颇丰，可她一心想要成为修女，并率领众人走出了修道院，来到世界上以贫民窟多且脏而闻名、被印度总理尼赫鲁称为"噩梦之城"的加尔各答，走进那些不避风雨的贫民窟，置身在贫困者中间。她在那里开办学校，到患病者的家中去医治他们，并给他们带去温暖。

她曾无数次地握住那些在街头将要死去的穷人的手，给了他们临终前最后的一丝温暖，让他们微笑着离开了这个残酷而又冷漠的世界；她亲吻那些艾滋病患者的脸庞，为他们筹集医疗资金；她给柬埔寨内战中被炸掉双腿的难民送去轮椅；她细心地从难民溃烂的伤口中拣出蛆虫；她亲切地抚摸麻风病人的残肢……

她在加尔各答的街头遍寻垂死者，她和修道院(仁爱传教修女会)的修女，将爱心和慰藉分别带给400万被遗弃街头的人。有过半数的人，在特蕾莎修女等人的悉心照料下，日渐康复。

特蕾莎修女的灵魂中有着清白正气，她的心不受欲望的迷惑，她的一举一动都传递着对世人的爱和真诚的关心。

先贤提倡"愿天常生好人，愿人常做好事"，愿人守住本身的纯朴善良。做人应如特蕾莎修女，让自己的心灵不容尘埃，一切随着本性的纯朴，不计得失，不求辉煌，只求坦荡。

清净内心，
一任清风送白云

【原文】

交市人不如友山翁，谒朱门不如亲白屋；听街谈巷语不如闻樵歌牧咏；谈今人失德过举不如述古人嘉言懿行。

【意译】

与市井凡俗之人交朋友，不如与深山中的老翁交朋友，去拜谒达官贵人还不如亲近普通的平民百姓；谈论街头巷尾的是是非非，还不如多听樵夫的民谣和牧童的山歌；议论今人违背道德的行为和失当的举动，还不如讲述古代圣贤的美好言行。

【解读】

每个人的内心都在追寻一种幸福，可是幸福究竟在哪里？种种荣华富贵，总有曲终人散之际，即便想尽一切办法要抓住，也无法抓住永恒，任何的繁华过后皆是一场空。

西汉梁鸿是中国历史上知名度甚高的名士，少年梁鸿在经历过家族的衰落以及战争的大乱后，深感人情的冷暖，促使他十分向往安稳宁静的生活。

梁鸿外出游学完回到家乡，与孟光结为夫妇，两人男耕女织互敬互爱，度过了一段平静的时光。一天，孟光对梁鸿说："夫君要遁世归隐的想法我早就知道，但为何我们至今还不走？难道夫君还要屈服于世俗去入仕吗？"梁鸿一下惊悟过来，于是，他们悄悄地到了灞陵（今西安市东北）山中，过起了与世隔绝的隐居生活。

他们在灞陵山深处，用枯树枝和茅草，搭起了能遮风避雨的草棚，在山谷中开垦土地种上小麦等庄稼。白天，他们在地里共同劳作。夜晚，梁鸿就着火或诵读经书，或赋诗作文，或弹琴自娱；孟光或缝衣纳鞋，或添香陪读，夫弹妻唱，远离功名利禄，在大自然中，他们的心灵获得极大的自由。

梁鸿夫妻隐居灞陵山，被外人知道，慕名前往的人们纷至沓来，打破了他们昔日平静恬然的生活。有人是为了请教经书中的疑难问题，有人是为询问处世的哲理；有人则是去请梁鸿为官；有人出于好奇的心理，想了解他们的私生活，灞陵山再不是梁鸿夫妻生活的理想之地。于是夫妻二人决定迁居到关东地区，继续他们的隐逸生活。梁鸿孟光夫妇向往清新宁静的隐逸生活，在林间山野陶冶性情，与世无争，更让他们的情感更加亲密，婚姻更加美满。

　　梁鸿夫妇这样隐居世外，追寻清新宁静的生活，远离喧嚣繁华，让人内心清净。

　　幸福不是霓虹灯下的买醉，不是一掷千金的快感。不放纵生命，不麻醉灵魂，珍惜生命的点点滴滴，才是幸福。拥有一颗感恩的心，感激生命，感激阳光雨露，忘却曾经的苦痛，幸福之感油然而生。历尽沧桑，幸福是一份安心，宠辱不惊，不为利驱，不为名逐，不为情惑，幸福是看花开花落、云卷云舒的散淡安然。

常思己过，
灵魂如清澈潭水

【原文】

　　听静夜之钟声，唤醒梦中之梦；观澄潭之月影，窥见身外之身。

【意译】

　　夜阑人静听到远处传来的钟声，可以把我们从人生的梦境中唤醒；静看清澈的潭水中倒映的月影，可以发现真正的自我本性。

【解读】

圣人曾说："吾日三省吾身。"在古代先贤那里，反思与自省是一种不可或缺的行为，它应时刻伴随身旁，不断地对自己的灵魂进行拷问。正如冯友兰先生所说："反思，总是在生活中遇到什么困难，受到什么阻碍，感到什么痛苦，才会有的。如同一条河，在平坦的地区，它只会慢慢地流下去。总是碰到了崖石或者暗礁，它才会激起浪花。或者遇到了狂风，它才能涌起波涛。"

人生最大的敌人是自己。那些认真审视自己，时刻反省自己的人，才可能真正觉悟。

赵概是宋朝南京虞城人，曾与欧阳修同在馆阁任职。赵概性情敦厚持重，沉默寡言，欧阳修很看不起他。后来欧阳修的外甥女与人淫乱，忌恨欧阳修的人借题发挥，以此事来诬蔑他。皇帝震怒，没人敢为欧阳修辩护，只有赵概为欧阳修上书，说："欧阳修因文才出众才成为皇上的近臣，皇上不能随便听信谗言，轻易诬蔑他。"有人问赵概："你不是与欧阳修之间有嫌隙吗？"赵概说："以私废公，我不能做这种事。"

最终皇帝并没有听赵概的话，欧阳修仍旧被贬官滁州。赵概后来执掌苏州，接着又辞官守丧，守丧期满后，被授职翰林学士。他再次上书，要求先为欧阳修恢复官职。虽然赵概的请求没有被朝廷采纳，但当时的人们都非常赞赏赵概。欧阳修也认识到了赵概的德高望重，对其非常佩服，两人从此成为莫逆之交。

赵概的德行如此高尚，得益于他平时能够严谨地克己修身。为了严格要求自己，他曾准备两个瓶子，如果起了善念，或做了好事，他就把一粒黄豆投入一个瓶子中；如果起了恶念，或做了不好的事，他就会把一粒黑豆投入另一个瓶子中。刚开始的时候，黑豆往往比黄豆多。后来随着赵概对自己的磨砺，时时内省，努力克制自己，改过迁善，瓶子中的黄豆渐渐多了，黑豆也随之减少，浩然之气就此在他身上一点点地形成了。

检讨自己的行为，多加反省，才可能知道自己是不是合乎道德的标准。如不反省，就无法知道自己的思想、行为中，有哪些地方需要改过，有哪些地方需要发扬光大。赵概用自我修行的方式，养出了浩然之气。

《菜根谭》中讲，于夜深人静之时细听远处传来的钟声，可以把人们从人生的梦境中唤醒；于心境宁和之际审视清澈潭水中的月影，就可以发现自我的真实本性。这实际上就是告诉人们要常常静下心来反思自己，这样才不会迷失自我。反省是一颗智慧树，只有深植在头脑里，它才能与人们的神经互联，为人们提供源源不断的智慧，让人生这条路变得简单、精彩起来。

气度高旷，
内心平和

【原文】

气象要高旷，而不可疏狂；心思要缜密，而不可琐屑；趣味要冲淡，而不可偏枯；操守要严明，而不可激烈。

【意译】

一个人的气度要高远旷达，但是不能太粗疏狂放；思维要细致周密，但是不能太杂乱琐碎；趣味要高雅清淡，但是不能太单调枯燥；言行志节要严正光明，但是不要太偏执刚烈。

【解读】

所谓气度，是指一个人的气魄风度，古人做文章之时，最讲究的就是诗文气韵。一首诗的气韵，决定着作品的好坏，一个人的气度也代表着个人的心理素质，它是决定一个人成败的重要因素。有很多人误解了气度的定义，以为高远旷达代表着狂放不羁、粗俗大意。实际上，海纳百川、虚怀若谷，才是一个有气度之人对人对事的态度。

相信很多人都听过六尺巷的故事，短短的一条巷道，折射出人心中气度高旷的闪光面。

康熙年间，官至文华殿大学士兼礼部尚书的张英收到一封家信，信中说张家与邻居吴家在宅基的问题上发生了争执，两家大院的宅地都是祖上传下来的产业，时间太久远，也分不清楚谁家到底占多少房屋周围的土地。而两家又都想让自己的地方能大点，于是争执顿起，谁也不肯相让一丝一毫。由于牵涉贵为宰相的张英，官府自然不敢决断，纠纷越闹越大，张家人只好把这件事告诉张英。家人飞书京城，让张英打招呼"摆平"吴家。

没想到张英大人阅过来信，只是释然一笑，旁边的人面面相觑。只见张大人挥起大笔，一首诗一挥而就。诗曰："千里传书只为墙，让他三尺又何妨。

万里长城今犹在，不见当年秦始皇。"交给来人，命快速带回老家。家里人一见书信回来，喜不自禁，以为张英一定有一个强硬的办法，可看到张英的回复，一合计，确实只有"让"这唯一的办法。争之不来，不如让三尺看看。于是立即命人将墙拆除，大家交口称赞，张英和他家人的态度。宰相一家的忍让行为，让邻居一家人十分感动，全家一致同意也把围墙向后退三尺。两家人的争端很快平息了，两家之间，空出了一条巷子，有六尺宽，形成了传为佳话的安徽桐城"六尺巷"。

提到气度不得不说说和气度息息相关的思维，《菜根谭》有云，思维要细密，但不可杂乱琐碎。这就如同有的人，自以为很聪明，凡事想得周到明白，然而这份细致已经偏离了细密的轨道，步入了胡思乱想的行列。不但不会给自身增加什么益处，反而让自己的思绪钻了牛角尖，很难回头。

万法归宗，百川归海，不管一个人有什么样的处事做人方针与原则，都要有高旷的气度，这样我们面对生活的重压，才能够平和以待，最终求得圆满。其实无论今人，还是古人，只要能放开心胸，到达"也无风雨也无晴"和"小舟从此逝，江海寄余生"的境界，那么我们就已经是生活的赢家，因为我们战胜了自己。

在冰雪中扬眉，在风雨中微笑，气度高旷，内心平和，方能显出成熟的做人本色。

荣辱得失，
心清如水

【原文】

　　我不希荣，何忧乎利禄之香饵；我不竞进，何畏乎仕宦之危机？

我不去追求荣华富贵，又何必担心名利和官禄的诱惑呢？我如果不和人竞争高低，又何必恐惧在官场中所潜伏的宦海危机呢？

【解读】

现实社会中，成年人都避免不了追求舒适的物质享受、为人欣羡的社会地位和显赫的名声，青年人还在审美疲劳地追逐着时尚、流行，其实也不离物质享受和对"上等人"社会地位的尊崇。专注于此，人便像被鞭子抽打的陀螺，忙碌起来——或拼命打工，或投机钻营，应酬，奔波，操心……然而这样的人却很难再有轻松地躺在家中床上读书的时间，也很难再有与三五朋友坐在一起聊天的闲暇，甚至忙到忽略了亲人的生日，忙到完全没有时间陪父母叙家常……

曾经有份报纸刊登了一篇悼文。作者在悼文中感慨他的一位病逝的朋友一生为物所役，终日忙于工作、应酬，竟连孩子念几年级都不知道。作者还写道，这位朋友为了累积更多的财富，享受更高品质的生活，终于将健康与亲情都赔了进去。那栋尚在交付贷款的上千万元的豪宅，曾经是他最得意的成就之一，然而豪宅的气派尚未感受到，他却离开了人间。作者问："这样汲汲营营追求身外之物的人生，到底生命感知何在，意义何在？"最后他写道："生活简单，没有负担。住在恰到好处的房子里，没有一身沉重的经济负担，周末二日不值班的时候，还可以带一家大小外出旅游，赏花品草……这样的生活比起有豪宅豪车更能羡煞旁人。"

这篇悼文的最后几句话用在人的一生当中再贴切不过了。与其困在财富、地位与成就的迷惘里，还不如过着简单的生活，舒展身心，享受用金钱也买不到的满足来得快乐。只有简单着，才能从容着、快乐着。不奢求华屋美厦，不垂涎山珍海味，不追时髦，不扮贵人相，过一种简单自然的生活，一种外在的财富也许不如人、但内心充实富有的生活。这是最自然的生活，有劳有逸，有工作的乐趣，也有与家人共享天伦的温馨及自由活动的闲暇。

《菜根谭》讲，"不希荣"、"不竞进"是超脱了眼前的荣辱得失、心清如水的人生大智慧。得意不自恃，失意不自失，不因为荣辱兴衰而扰乱一池清水；他人之恩，自是铭心；他人之过，却是云烟，不要为他人的作为而打翻心中的天平。一颗平常心，是荣是辱，俱不过风吹烟散，守得云开见月明。

　　宠辱俱平常，人生境界实不平常。事事平常，事事也不平常。无论处于何种环境下，都能做到宠辱不惊，那一定是了不起的人，就如孔子所赞美的，不是圣人，也是贤人。这是智者的一种境界，同样亦是胸怀宽广之人才有的气魄。能够微笑面对羞辱，这需要很强的自控力，而在成功之时的谨慎与不得意忘形更需要超人的自制力。

清淡明志，
雅淡抒节

【原文】
　　风恬浪静中，见人生之真境；味淡声稀处，识心体之本然。

【意译】
　　在人心平定安静的时候，才能显现出人生的真正境界；人在食物清淡、音乐稀少的清苦生活中，才能认识到心体的本来面貌。

【解读】
　　人们害怕失败，是因为想得太多，想得太多是因为情绪太盛。生活正是如此，平平淡淡才是真。古人说得好，风平浪静的环境可以显现出人生的真实境界；朴实淡泊的地方可以体会心性的本来面貌。平淡是生活的倒影，内中隐藏着人生的真谛。真正的智者都拥有一种平和的心境，对待看似平凡无奇的一切，也都能用心去感受，所以他们能够享受从容自得、云淡风轻的简单幸福。
　　老僧的一位老友来拜访他，吃饭时，他只配一道咸菜。老友忍不住问他："这样不会太咸吗？"老僧回答道："咸有咸的味道。"吃完饭后，老僧倒了一杯白开水喝，老友又问："白水过于平淡了吧？没有茶叶吗？怎么喝这么淡的开水？"老僧笑着说："白水虽淡，可是淡也有淡的味道。"

漫漫人生路，需要品尝各种滋味，咸菜的咸与白水的淡就像人生中遇到的不同情境与事件，超越了咸与淡的分别，才能真正品味到咸的恰到好处与淡的至纯至真。

人的一生在绚烂之后，都要归于平淡。没有谁的一生都在轰轰烈烈中度过，执着于绚烂的人注定要在生活中不断碰壁。平淡是一种人格之美，是一种诗意且神圣的智慧。清淡明志，雅淡抒节，平淡地对待生活中的点点滴滴，才能获得返璞归真的幸福。

在如今这个讲求效率的时代，从学校到公司，大家都在追求更高的效率，以完成更多的事情。人们每天都在忙忙碌碌中度过，几乎没有时间静下来思考生活的意义。其实，关于人生，还有很多问题等待解答，至少怎样的人生才有意义这个问题，就值得好好思索。这就需要我们放慢脚步，退出喧闹的生活常态，在自由的空间中寻找答案。

每个生命都渴求一份宁静和洒脱，因此每个人都不应该因为忙碌而迷失自我，否则所做的一切都失去意义。同时，我们周围的人也需要一份闲适和自在的成长空间，而这种空间，就需要相互礼让和相互体谅来成全。

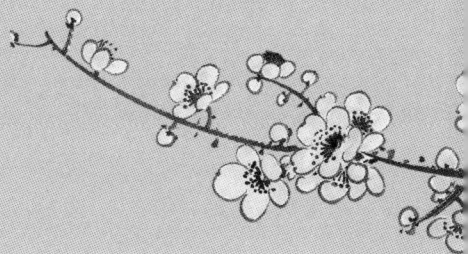

第 3 章

安贫：
苦乐无二境，乐道自然安贫

宁可寂寞，
也不要烟花的瞬间绚丽

【原文】

　　栖守道德者，寂寞一时；依阿权势者，凄凉万古。达人观物外之物，思身后之身，宁受一时之寂寞，毋取万古之凄凉。

【意译】

　　一个能够坚守道德准则的人，也许会寂寞一时；一个依附权贵的人，却会遭受永久的凄凉。心胸豁达宽广的人，重视物质以外的精神价值，考虑到死后的千古名誉，所以宁可坚守道德准则而忍受一时的寂寞，也绝不会因依附权贵而遭受万世的凄凉。

【解读】

　　战国时期，段干木学成自孔子的弟子子夏，是当时很有名的学者。尽管他很有才能，但始终不愿做官。魏国国君魏文侯曾经登门去拜访他，想授给他官爵。段干木却避而不见，越墙逃走。他这一举动不仅没有惹怒魏文侯，反而让魏文侯更加敬重他。从此以后，魏文侯每次乘车经过他家门时，就下车扶着车前的横木走过去，以表示对段干木的尊敬。

　　魏文侯的车夫对此十分不解，便问："段干木不过一介草民，您经过他的草房表示敬意，他却置之不理，这样未免有点太过分了吧？"

　　魏文侯答道："段干木是一位贤者，他在权势面前不改变自己的原则，是有君子之道的表现。他虽隐居于偏僻的里巷，而名声却远扬千里之外，我经过他的住所怎么能不表示敬意呢？段干木以德行为先，而我却以势利为重；段干木多的是道义，我多的却是财富。势利不如德行高尚，财富不如道义贵重。"

　　后来，魏文侯见到了段干木，诚恳地邀请他任国相，段干木谢绝了。但魏文侯屈尊坚持请求与他交谈，虽站立得很疲倦也不敢休息。

　　没过多久，秦国举兵打算攻打魏国，司马唐雎向秦国国君进谏道："段干木是贤人，魏国礼遇他，天下没有不知道的。像这样的国家，恐怕不是能用军队征服的吧！"秦国国君觉得有道理，于是放弃出兵，魏国因此逃过一劫。

在上古先秦歌谣中有："吾君好正，段干木之敬。吾君好忠，段干木之隆。"段干木对功名富贵的厌恶，是他追求洒脱的独特个性和儒家道德规范融合的结果。他虽然终身不仕，然而他又不是真正与世隔绝的山林隐逸一流，而是隐于市井穷巷，隐于社会底层的平民百姓中，进而"厌世乱而甘恬退"，不屑与那些趁战乱而俯首奔走于豪门的游士和食客为伍，使倾覆之谋"浊乱天下"，为战争推波助澜，这样的一种选择，实际上也是另外一种忠诚。

而今一个人选择洁身自好，已不仅是践行学养的问题了。因为栖守道德在今天是修养的需要，也是一个人把握机遇、追求恬淡美满人生的需要。人的修养是一个漫长的坚持和追求的过程，一桶牛奶中倒进一杯脏水就成了一桶脏水，人一旦放弃了自己对操守的坚持，就容易自暴自弃，从而抛弃自己最珍贵的东西。所以，人应该坚持自己的道德底线，哪怕我们孤身一人，至少没有为了终究散去的身外之物迷失自我。

顺其自然，
不做墙角的花

【原文】

能脱俗便是奇，作意尚奇者，不为奇而为异；不合污便是清，绝俗求清者，不为清而为激。

【意译】

能够超凡脱俗的人是奇人，那种刻意标新立异的人，并非奇人而是怪异的人；不同流合污高洁，可是为了表示自己清高而与世人断绝来往，那不是高洁而是偏激。

【解读】

任何好品种的花朵，都必须要经过设计布置，才能摆在客厅里，如果只会孤芳自赏或自命清高，永远是野花，摆不进客厅的。"墙角的花，你孤芳自赏时，天地便小了。"作家冰心这首隽永的小诗是对孤芳自赏者最好的回答。

一个人有了一定的才气与能力，自然身价倍增。但这并不是骄傲的资本，更不能因此而自恃清高，或不把别人放在眼里，或与世隔绝，标榜自己的与众不同。

三国枭雄曹操有三个比较中意的儿子，他希望从中选出一个接班人。自古以来，太子应由长子继承，曹丕是长子，但次子曹植更有才华，在朝廷的声望更高，于是曹操秘密征求大臣意见。

曹丕得知消息后，急忙向他的贴身大臣贾诩讨教。贾诩说："您只要有德行和度量，像个寒士一样做事兢兢业业，不要违背做儿子的礼数，这样就足够了。"

一次，曹操亲征，曹植当场高声朗诵自己做的文章来为父亲歌功颂德，而曹丕跪拜不起，泣不成声。等到曹操询问的时候，曹丕哽咽着说："想到父王年事已高，还要挂帅亲征，作为儿子，我心里又担忧又难过。"此言一出，满朝文武都为太子的仁孝而感动。相比之下，曹植就显得自私狭隘，只顾自己扬名。这件事本来没有什么，但是经过旁人的分析，加上曹操生性多疑，他心中换太子的想法渐渐动摇了。

曹丕当然不甘心自己的太子之位被弟弟夺走，但是论文治武功、诗词歌赋，他都不是弟弟的对手。如果和弟弟在才华上硬战，他的胜算不大，但是经贾诩的点化，他顿时悟到：与其争不赢，不如恪守太子的本分，不去标榜自己的学识，就做个普普通通的儿子，一心挂念父亲的安危。

清高是一种美德，但不要造作，脱俗也是一种节操，但不必矫揉，前者容易偏激，后者则容易怪诞。因此，清高与脱俗在于心中的感知，不必过分地夸饰。

清白，
是人生最好的底色

【原文】

　　山林之士，清苦而逸趣自饶；农野之人，鄙略而天真浑具。若一失身市井驵侩，不若转死沟壑神骨犹清。

【意译】

　　隐居在山林中的通达之士，物质生活虽然清苦却享受着闲逸自得的雅趣；乡间田野的农夫，学问知识虽然浅陋一些，却具有纯朴自然的本性。如果在市井中污染自己的清名，倒不如死在荒野山谷中，还能保全清白的名声。

【解读】

　　武器可以杀死人，却不能征服人心。真正能征服人心的，不是武器，而是道德。世间万事变幻莫测，唯有品格可立一生。品格是人生的桂冠和荣耀，它比财富更具威力，它使所有的荣誉都毫无偏见地得到保障。它伴随着时时可以奏效的影响，因为它是一个人被证实了的信誉、正直和言行一致的结果，高尚的人品比其他任何东西都更能赢得他人的信任和尊敬。

　　品德的影响力是深而广、远而久的。即使隐居山林或者埋名市井，高尚的品德、高洁的名誉也不会因环境的沉寂而被泯灭。但凡明智的人，都重视名誉若爱惜羽毛，譬如先哲孟子。

　　某次孟子在去齐国的路上，巧遇弟子充虞，师徒对话间，孟子一句"如欲平治天下，当今之世，舍我其谁也！"话语出口如一股浩然正气奔涌而出，瞬间便"沛乎塞苍冥"。正是这股浩然正气使孟子不与混乱的现实妥协，始终坚持自己的理想和人格，恪守自己的道德操守。像孟子这样的圣人，并不是不懂得怎样去"阿世苟合"，向时代风气妥协，以便获取利益。他实在"非不能也"，而是不肯为也。坚守自己的良知，宁可为正义穷困受苦，也不愿苟且于现实，追求那些功名富贵。这就是圣贤的品德和人格。

世间既有这样以品格立身的人，也有受利欲驱使而陷于不义的恶人。那些品格低下的人，即使地位再高，权势再大，也不会赢得他人的尊重，甚至会被人唾弃。

南宋奸臣秦桧以"莫须有"之罪害死岳飞，为世代百姓所痛恨。人们在位于杭州的岳王坟前以铁铸成秦桧夫妇跪像，来表达对他们的愤恨。

传说后来有个姓秦的浙江巡抚，上任后见秦桧夫妇的跪像受辱，感到面目无光，想将跪像搬走。为免激起民愤，他命人在夜间偷偷把跪像搬走，扔进西湖。不料，次日湖水忽然散发出恶臭。由于岳王坟的跪像不翼而飞，百姓纷纷要求官府调查。不久，跪像竟然从湖底浮起。百姓将跪像捞起，放回岳王坟前，湖水又清澈如初，臭味全无了。百姓都认为是秦桧弄污了西湖。姓秦的巡抚见此情形，亦无可奈何。

秦桧遗臭万年，甚至后来有秦姓人做诗："人从宋后少名桧，我在坟前愧姓秦。"

孔子也曾说："富而可求也，虽执鞭之士，吾亦为之；如不可求，从吾所好。"孔子所谓的求，不是"努力去做"的意思，而是"想办法"，如果是违反原则求来的，那是不可以的。国学大师南怀瑾先生指出，孔子认为一个人做什么并不重要，关键在于他能否坚持自己内心的良知，一个品性正直的人，无论在什么时候，都不会违背自己的良知。

欲路勿染，
品出菜梗之清香

【原文】

　　士君子持身不可轻，轻则物能挠我，而无悠闲镇定之趣；用意不可重，重则我为物泥，而无潇洒活泼之机。

【意译】

一个有修养的正人君子要善于把握自己，待人接物绝对不可轻浮气躁，一旦轻浮气躁，就容易受到外物困扰，从而失去悠闲宁静的情趣；处理事情不可思前虑后想得太多，不然就会陷入外界的制约，从而失去活泼洒脱的生机。

【解读】

自律是一段痛苦的历程，但自律久了，就是一种积累性的修行，使人坦荡自然，心意逍遥。孔子有语："苟正其身矣，于从政乎何有？不能正其身，如正人何？"意思是说己正才能正人，假使自己不能端正做榜样，是不能够真正地辅正别人的。作为一个有为之人，如果不能将自己的行为端正，便谈不上约束和领导别人。

一个修身养性的人，培养自律自制的意识是正身正德的第一步。而"正"的标准首先是每个人内心的良知，其次便是公德、处事标准。用自己的良知与处世标准同时约束自我的言行，才能减少自己的过失，无愧于心。自我约束是减少错误最有力的道德力量，一个人做了违背道德、违反信义的事情，首先会受到的是来自于内心的惩罚。

很久以前，有一个人打算从邻居家的麦田中偷一些即将收获的麦子，他心里盘算着，如果从每块田中偷取一点，别人不会察觉到，但是加起来数目却非常可观。于是，他在一个伸手不见五指的夜晚，偷偷带着年幼的女儿离开家。"孩子"他压低声音说道，"你帮爸爸看着，如果有人来就小声叫我一声。"

随后，此人溜进第一块麦田，开始收割，刚过一会儿，女儿就轻声喊他："爸爸，有人看到你了！"这人慌忙向四周看了看，但是一个人也没有看到，然后他将割下的麦子捆起来，又走进第二块麦地。"爸爸，有人看到你了！"女儿又悄声喊道。这人心惊胆战，停下来向四周张望，但还是什么人也没看到。他又收起了麦子，来到第三块麦地。过了一会儿，女儿大声叫道："爸爸，有人看到你了！"这人又一次停手，环顾四周，但还是什么人也没有看到，于是他把割下的麦子捆好，溜进最后一块麦地。"爸爸，有人看到你了！"女儿又叫了起来。这人停止收割，四下望去，一个人影也不见。"你为什么总是说有人看到我了？"他愤怒地质问女儿，"四下里连个人影都没有。""爸爸"那孩子低声说道，"有人从天上看到你了。"

孩子口中的"有人从天上看到你了"，实质就是我们内心对自我的约束。

每个人的心中都有另一个"我"在看着我们，缺斤少两的事他都称得一清二楚，无论别人是否知道，自己的道德栅栏永远立在那里。人生当中的选择有很多，但是心灵的抉择就只有两面，一曰善，一曰恶，我们倾向哪一边，哪一边就占了主导。人人皆知，做事先做人，正人先正己。因此，挑选哪一面，不言而喻。

古语说："以约失之者，鲜矣"。"约"指约束、检束、小心、谨慎，要时刻约束自己。在现实生活中，谨慎的人往往比轻率躁进的人少过失、少出错；讲话随便的人常常更容易失信。所以一个人为人处世时，要时常给自己安个过滤网，对自己的所言所行及时进行过滤，才不会说出让自己后悔的话，做出无法挽回的事。

无所妄念，追求自然

【原文】
　　天理路上甚宽，稍游心，胸中便觉广大宏朗；人欲路上甚窄，才寄迹，眼前俱是荆棘泥涂。

【意译】
　　追求自然真理的正道非常宽广，稍微用心追求，就感觉心胸坦荡开阔；追求个人欲望的邪道非常狭窄，才一跻身，就发现眼前布满荆棘泥泞，寸步难行。

【解读】
　　对于一个有欲望且不知满足的人来说，天下没有一把椅子是舒服的。欲望就如同一团熊熊烈火，柴放得越多，火烧得越旺，人就会越有添柴的冲动。于是，人便奔来奔去、忙里忙外，难有停息的时候。

正如《菜根谭》中所说："天理路上甚宽，稍游心，胸中便使觉广大宏朗；人欲路上甚窄，才寄迹，眼前俱是荆棘泥涂。"人只有减少欲望，才能轻松上阵，才能活得洒脱。

事实上，为所欲为，什么都想要的人，结果只能是竹篮打水一场空，甚至付出生命的代价。而那些懂得在欲望面前止步的人，反而会活出生命的精彩和洒脱，而且还会在世人的赞誉中延续生命。

林则徐曾说："壁立千仞，无欲则刚。"他把这句话写在自己府衙的一副堂联中，规行矩步，身体力行。他担任钦差大臣前往广州查办鸦片时，发出了一道公文："所有尖宿公馆，只用家常饭菜，不必备办整桌酒席，尤不得用燕窝烧烤，以节糜费……言出法随，各宜懔遵毋违"。一路上说到做到，两袖清风。他到达广州次日，即告示百姓：今后"公馆一切食用，均系自行备买，不收地方供应。所买物件概照民间时价发给现钱，不准丝毫抑勒赊欠……有借名影射扰累者，许被扰之人控告，即予严办"。

大千世界，有人以金银为宝，以位高权重为宝，也有人以无欲无求、问心无愧为宝。但是追求金银名利的路上充满陷阱和荆棘，稍有不慎就会寸步难行、抱憾终身。而追求自然、无所妄念的道路却非常宽广，稍稍用心追求，就会觉得道路越走越宽。所以大凡生活的智者，无论有何等权利、财富，都不会放弃对自然真理的追求。

享受生活，
尽量做减法

【原文】

　　损之又损，栽花种竹，尽交还乌有先生；忘无可忘，焚香煮茗，总不问白衣童子。

【意译】

要把自己对物质的欲望减少到最低限度，从栽花种竹中培养生活的情趣，将一切烦恼和忧愁都交还给乌有先生；脑海中了无烦恼，没有什么需要忘记的东西，每天都面对着佛坛烧香提水烹茶，不问身边白衣童子是谁而进入忘我境界。

【解读】

张中行是一位哲学家，以其顺生论哲学和诸多意趣丰盈的散文而闻名于世。他生于1909年，辞世于2006年，享年97岁。可以说张老以自己的人生哲学观念创造了学问的奇迹，也创造了生命的奇迹。

曾经有人问张老的养生之道，张老坦然回答道："我没有什么养生秘诀。要说有的话，就是我这一辈子，一不想做官，二不想发财，只是一门心思读书做学问。除此之外，我别无他求。"

张老就是这样一个普普通通别无他求的人，季羡林先生曾称张中行为"高人、逸人、至人、超人"，而张老说："我乃常人，就安于常态。"一颗平常心使得张中行走过了人生的风风雨雨。

尽管张老先生大半生"伤哉贫也"，但他既不轻视钱，也不奉行拜金主义。他一生都安于过着粗茶淡饭、家徒四壁的朴素生活，但他过得潇洒轻松，谁能否认他是一个极为富有的人呢？

古人讲，应该把自己对名利的欲望减少再减少，从栽花种竹中培养生活的情趣，这样生活中就会少一些烦恼和忧愁；应该把生活的琐事忘记掉，焚几缕清香，煮一壶好茶，甚至不必问在一旁侍候的白衣童子是谁。张中行先生就是这样一个深得古人之乐的人，他无欲无求，安于常态，一门心思做学问，虽然生活得清贫一些，但是却拥有旁人难及的潇洒轻松。

现实生活中，很多情况下，人们都是难以做到无欲无求的，但是，争名之心、夺利之行却并不能给人们带来真正的名与利，只会给人徒增烦恼。

有一个青年苦于现实生活的郁闷、惆怅，情绪非常低落，于是便到庙里走一走。到了寺院，但见寺庙里香客不断，檀香馥郁。再看香客们的脸，一张张都写满坦然、安详、幸福，他有些迷惑：莫非佛门真乃净地，果真能净化众生的心灵？流连寺院中，见一位在枯树下潜心打坐的佛门老者，那入境之态止住了他的脚步。走近细看，老者那面露慈祥却心纳天下的表情强烈地震撼了他——原来一个人能超然物外地活着是这么的美好！

他悄然坐在了老者身边，请求老者开示。他向老者谈及心中的苦痛，然后问："为什么现代人之间钩心斗角，纷争不已？"

老者捋须而笑，铿锵而悠长地说："我送你一句佛语吧。"老者一字一顿地说："爱出者爱返，福往者福来！"

故事中的青年因为现代人之间的钩心斗角而迷惑不已，"爱出者爱返，福往者福来"这句话不仅解开了这个青年的心头疑团，也给现实中的人们些许启发。获取快乐，回归平和的心境没有什么秘方，一切都在于人们的内心。

心灵空虚、贪欲满腹之人，即使家财万贯，也未必能够快乐，因为他们不懂知足常乐；只有当他们舍弃了欲望，懂得贫富皆是福，才能摆脱痛苦的泥沼，享受生命的自在与欢乐。如果人们能够无欲无求，看淡名利，那么世上争名夺利之人自然渐少，世人争名夺利之心也自然渐淡；如果人们能够以爱己之心爱人，那么恶念自然无处遁形，恶隐善彰，天下太平。

胸中无物欲，眼前自空明

【原文】

胸中即无半点物欲，已如雪消炉焰冰消日；眼前自有一段空明，时见月在青天影在波。

【意译】

心中没有半点对物质的欲望，心中的烦恼就会像炉火将雪消融，像太阳将冰融化一样消散了；眼前自会呈现一片空灵明净的景象，就仿佛皓月当空月光倒映在水中一样。

【解读】

有个十分喜欢赚钱的富商，他对钱的兴趣甚至达到了痴迷的程度。

每当黄昏时，他总会在自己的账房里细细地翻阅当天的账目，并花费很长的时间用以研究市场的变化。当他的朋友都在忙着宴饮游乐的时候，他却说："有些人热衷于娱乐和享受，而我却喜欢研究怎么赚钱。"

虽然这个富商很富有，但是他从来不乱花钱去做自己不喜欢的事情，也从来不挥霍钱财，对待他的孩子，他虽然用心爱他们，却从不用钱满足他们的任性。

一次，有个朋友跟他开玩笑说："你已经是我们这里最富有的人了，感觉滋味如何？"

富商的回答让人玩味："凡是我想要的东西而又可以用钱买到的时候，我都能买到，至于其他人所梦想的东西，比如雕栏画栋、古董名画、香车宝马我都不为所动，因为我不想得到。"

金钱、名利和任何物质，这些东西本没有善恶之分，只是当人对它们的欲望不加克制时，才会让贪心无穷无尽地泛滥膨胀。而贪求过度不仅给他人带来伤害，还会让贪婪的人走上多行不义、自取灭亡的末路。由此，当我们想要停止贪婪的念头时，首先要端正对名利、金钱、物质等外物的认识。

对每个人来说，或多或少都会有些欲望，我们也不必把欲望看成洪水猛兽，只要我们善于利用欲望滋生出来的正面能量，激励自己去为大众造福，就值得赞许。

每个人的世界都是我们自己造成的。一个人心中充满势利心，就会从此而衍生出困难、恐惧、怀疑、绝望、忧虑等各种各样的情绪。一个人若是思想里充满了困难、恐惧、怀疑、绝望、忧虑的东西，那么他的整个生活就难以走出悲愁、痛苦的境地。同样，一个人的内心没有半点物欲，他的生活里就会少了很多纠结、浮躁和鄙俗，这正如《菜根谭》中所言，"胸中即无半点物欲，已如雪消炉焰冰消日；眼前自有一段空明，时见月在青天影在波。"

第 4 章

融合：
愿你与世界温暖相拥

拥抱世界，
享受一份最纯粹的快乐

【意译】

当你正在竹篱笆外面欣赏林泉之胜，忽然听到鸡鸣狗吠的声音，就宛如置身于一个虚无缥缈的神仙世界中；当你正静坐在书房里面读书，忽然听到蝉鸣鸦啼，你就体会到宁静中别有一番超凡脱俗的天地。

【解读】

在忙碌的现代生活中，只有放慢脚步、放空心灵才能找到生活真正的美，才能在自己的生活体验中发现新的深度。漫步在幽深的小路上，呼吸着清新的空气，透过林荫，怀着一种悠闲的心情细数阳光洒在地上碎石般的条纹，或者闭上眼睛，感受扑面而来的淡淡花香。仰天长望，白云在轻轻地飘；哼一首无名的小曲，默念一首小诗。这些都会让我们充分地感受到生活的美。

一位知名的女作家说过，品味生活，在于抓住生活的空隙。一些不经意间发生的事情，往往会带来许多欢乐。生活的意义，正如一杯清茶，谁都能体会到它的清苦，可只有细细品味，才能体会到其中的香醇。

放慢脚步、放空心灵的生活并非让我们放弃自我、无所事事，它与物质的富有程度也没有多大关系，"慢"和"静"更多的是一种健康的心态，一种积极的生活态度。对我们每个人来说，每一天都是当"心静慢人"的好时候，只要我们运用得当，享受"竹篱下，忽闻犬吠鸡鸣，恍似云中世界；芸窗中，雅听蝉吟鸦噪，方知静里乾坤"的惬意、悠然绝不是什么难事，更不是什么坏事。

曾经有一个男人特别能吃苦，他觉得，生活的意义就在于拼搏，哪怕休息一天，他都认为是一种罪过。一番辛苦打拼后，他搏出了千万的身家。走到哪里都是前呼后拥，风光无限。他喜欢这种氛围，也享受这种风光。他觉得做人只有达到这种境界才算没白来世上走一遭。

然而，一次决策的失误导致他的资金链断裂，银行的贷款、工人的工资、所有的一切事务如同一座座山，压得他喘不过气来。当他把整个通讯录上好友的电话拨完的时候，他彻底醒悟了，因为没有人肯伸出援手帮他，甚至一些朋友都不肯接听他的电话。

在他最为绝望的时候，是他结发的妻子，有条不紊地把工厂里的库存变卖，给工人发了工资，又变卖了厂里的设备和自家的房子还上了银行的贷款。可就算这样，他还是无法振作，他觉得再没有以前那样的日子了，自己简直是生不如死。

妻子带着他回了老家，刚开始，他真得不适应农村的生活，可是时间久了，他也尝试着帮助妻子在菜地里种些农作物。秋收的季节，当他看见自己种的花生结出了累累的果实，他终于笑了。妻子看着他晒得黝黑的脸，问他笑啥，他说，我觉得现在的生活很快乐。从此他调整好了心态，五年后，他又以经营农产品起家，重新迎来了自己事业的春天。

在现代社会的快节奏生活中慢下来、静下来，以平和的心态面对生活中的各种压力和伤害，虽然我们会损失金钱，但这种损失却在我们享受生命的过程中得到了弥补。走出办公室时，抬头望望天，望见星光的那一刻，我们的生活就是幸福的；一个没有应酬、没有加班的周末，和知心的朋友逛逛街、聊聊天便觉得心满意足；久居于城市的人，偶尔安排一次野外踏青反而会让紧张的心灵放轻松。生活就这样在无意间向我们展开了幸福和满足的微型世界。

海纳百川，
成就人生

【原文】

　　面前的田地要放得宽，使人无不平之叹；身后的惠泽要流得久，使人有不匮之思。

【意译】

　　一个人待人处事要心胸开阔，与人为善，使你身边的人不会有不平的怨恨；死后留给子孙与世人的恩泽，要能够流传得长远，才会使子孙有不断的思念。

【解读】

　　我们敬仰之人无非具备两点，一是心胸开阔，二是与人为善。想要人敬畏其实很容易，而能够身后留名的人，让人无限感念的人，一定具备海纳百川的胸怀、以德服人的品行。

　　生活在尘世，谁都不会比谁容易很多，每个人遭遇的问题虽然大相径庭，但是也万变不离其宗，都需要去解决，去面对。但凡与人结怨，无非是心胸不够开阔，对人不能包容，很容易把小事扩大化，最终也为自己的人生设下了路障。如果换个角度去看问题，不去苛责别人，提升自己的气度与容人的雅量，那么我们收获的必然也是云淡风轻、受人尊敬的完美人生。

　　西汉有个叫朱买臣的人，家境贫寒却十分热爱读书，只好一边靠打柴卖钱维持生计，一边潜心读书。人们经常会在大街上看到他负薪读书的身影，并对他赞赏有加，但是妻子感到他实在太贫困了，认为这太丢人，单靠朱买臣一个人砍柴实在难以度日。不如自谋出路。就提出离开他，朱买臣劝说："我要到五十岁时才能富贵，已经过去四十岁了，你跟我吃了这么多苦，再熬几年不行吗？等我富贵了，我肯定会报答你的。"妻子说："这么多年不知道受了多少苦，到现在看你读书也没有什么用，照这样下去，别说富贵了，都快饿死了。"于是妻子另嫁他人。

朱买臣后因同乡庄助推荐，得到武帝赏识，被任命为会稽太守。朱买臣赴职时正赶上郡邸官吏开怀畅饮。朱买臣穿着朴素，官吏们对他不理不睬。闲来无趣，朱买臣便和守门人吃喝起来。酒足饭饱后，朱买臣不小心将怀内印章丝带露出来。守门人拔出丝带，发现眼前这个人就是新上任的太守，急忙出门向众吏报告。

众人异常畏惧，战战兢兢。朱买臣衣锦还乡，受到当地人的热烈欢迎，场面十分壮观。朱买臣在路边看见前妻与其夫，便令后车同载而归。

朱买臣相信有才必能尽其用，忘我读书，胸怀广阔，根本没有不平之叹。视野放远了，自然不会担心成功来得太晚，心胸宽广，自然不会占据别人的领空。同理，一个人心胸宽广，待人处世公平，他身边的人就不会有不平之感。留给后人的恩泽要立足长远，这样才会使子孙后代过上充实幸福的生活。

富贵不足炫耀，才智不可仗恃

【原文】

天贤一人，以诲众人之愚，而世反逞所长，以形人之短；天富一人，以济众人之困，而世反挟所有，以凌人之贫。真天之戮民哉！

【意译】

上天给予一个人聪明才智，是要让他来教诲众人的愚昧，没想到世间的一些聪明人却卖弄自己的才华，来暴露别人的短处；上天给予一个人财富，是要让他帮助众人解除困难，没想到世间的有钱人却依仗自己的财富，来欺凌贫穷的人。这两种人真是上天的罪人。

【解读】

吴王渡过长江,登上猕猴聚居的山岭。猴群看到吴王打猎的军队经过,都惊慌地躲进了荆棘丛生的山林深处。而有一只猴子留下了,它从容不迫地腾身越过一个个树枝,灵活地跳来跳去,在吴王面前展示它高超的本领。吴王用箭射它,它敏捷地接过一枝枝飞速射来的利箭。吴王下命令叫来身边所有打猎的人,一起上前发箭,猴子终于躲避不及,抱树而死。

故事中的猴子很聪明,也很灵活,但是它却倚仗自己的敏捷而不把吴王放在眼里,以致付出生命的代价。可见,恃才要不得!学问高时意气平,人生活在社会上必须要有"空杯"的心态。只有将自己的姿态放低,才能从别人那里学到知识、智慧。相反,如果不管任何时候都锋芒毕露,不但自己的才学无法长进,修养无法提升,反而会招来灾祸。

骄傲自满是一个可怕的陷阱,而且这个陷阱往往是人们亲手挖掘的。人有才智而不知收敛,结果与愚人无异,弄不好还正应了"聪明反被聪明误"的俗语,给自己招来杀身之祸。为人还是谦虚些好,恃才不可傲物,为富亦不能不仁。

石崇家中美女无数,每次请客宴饮,便有美人劝酒。客人若不干杯,立斩美人。一次丞相王导和大将军王敦到石家赴宴,素不善饮的王导怕美人被杀,便勉强饮酒,直到大醉。轮到王敦喝酒,他却故意推辞,致使石崇连杀三个美人。

晋朝的石崇就是因为为富不仁、暴殄天物,遭人嫉妒、憎恨,而给自己带来祸患。家财万贯而为人刻薄寡恩,就会陷入终日钩心斗角、与人争利的苦海中,完全丧失生活乐趣,失去周围的亲友,到头来落得孤立无援、空虚寂寞,甚至给自己引来杀身之祸。只有心存善念,才能风波不起,广施善行,才能天下太平。

聪明是人们成就事业的内在要求,财富是人们做事的经济基础。上天赐予人聪明才智,是为了让他来教化愚昧,而不是卖弄才华,揭人之短;上天给予人钱财,是让人扶贫济困,而不是仗势欺人、铺张浪费。所以,富贵不足炫耀,才智不可仗恃,只有宽厚仁慈、谦虚低调才是智慧的处世之道。

立身要有自知之明,不恃才傲物,要以谦虚低调为本,为富应该不攀比、不炫耀,而应当仗义疏财、扶危济困。否则,才智和富贵给人带来的不仅不是好处,反而是灾祸。

多种树，
然后才有夏日浓荫可蔽日

【原文】

　　天地之气，暖则生，寒则杀。故性气清冷者，受享亦凉薄。惟和气热心之人，其福亦厚，其泽亦长。

【意译】

　　自然界的气候规律是，温暖就会催发万物生长，寒冷会使万物萧条沉寂。做人的道理也和大自然一样，性情孤傲冷漠的人，所得的福分也比较淡薄。只有那些性情温和而又乐于助人的人，他所得到的福分才会丰厚，留下的恩泽也会长久。

【解读】

　　有过用柴草生火经历的人都知道，要点燃木柴，先要用干枯的细枝去引火，火才能越烧越大；如果里面有湿柴，刚燃的火苗很快就会熄灭。但是，一旦火堆燃烧起来了，即便扔进去的是刚砍的湿木，很快也会被火焰带动起来，一起燃烧。用足够的真诚去感染他人，就能让对方感受到自己的善意，并能在我们陷身于险境时给予我们帮助。

　　生活也蕴含着同样的道理，当我们孤傲冷漠地对人时，只会受到同样冷漠的待遇。只有那些充满生命热情而又乐于助人的人，获得的回报才会深厚，福祉也才会绵长久远。一言以蔽之就是"帮人就是帮自己"。

　　查尔斯被聘为一家大银行的秘书，上司让他写一篇关于吞并另一家银行的可行性报告。此事事关机密，查尔斯资历浅，经验少，他必须要找到一个可以诚心诚意帮他的人。经过了解，查尔斯知道威廉已经在这家银行工作了十几年，而且，他还在另一家即将被吞并的银行工作过，查尔斯大喜过望，觉得威廉简直就是上天派给自己的礼物。于是，他想向威廉求助。当查尔斯走进威廉的办公室时，威廉正在为难地对着电话说："亲爱的，爸爸实在没有什么好邮票带给你了，对不起，我让你失望了。"

在查尔斯说明自己的意图之后，威廉觉得非常莫名其妙。他和查尔斯并不熟悉，也不是公司安排，自己为什么要将这么重要的事讲给他听，没办法，查尔斯失望而归。开始的时候，查尔斯很着急，不知道该怎么办才好。只能自己查阅各种资料。

一次，查尔斯和航空公司的人吃饭，闲谈中，朋友说他那里有许多来自世界各地的邮票，查尔斯想起威廉的儿子好像很喜欢邮票，于是求朋友送了他两张。

查尔斯找到威廉，送上邮票，并且一再地解释，这邮票和工作无关，只是想到自己小时候疯狂喜欢滑板鞋而得不到的失落。既然是举手之劳，自己恰巧可以满足孩子的小愿望。

查尔斯转身要离开，威廉突然喊住他，问他中午可不可以一起喝杯咖啡。咖啡馆里，让查尔斯感到惊奇的是，没等他开口询问威廉那家银行的情况，威廉就将自己知道的资料全部说了出来。不但如此，他还打电话给以前的同事，了解那家银行现在的情况，同事把一些事实、数据、报告等相关内容都告诉了他，他毫无保留地将这些内容都转告给了查尔斯。查尔斯顺利完成了可行性报告的撰写。

在日常工作中，人与人之间免不了互相帮忙。但帮助必须是出自真心的关爱，是诚挚的。这不仅使得付出关切的人和接受关切的人都有成就感，还会使当事人双方都受益。当一个人尽自己所能成人之美时，他就是在帮助自己。因为在这个由人组成的社会里，当接受我们帮助的人对我们表示感谢时，我们就会感受到一种温情，这种温情让我们感觉更舒服。那种因为使别人幸福而令自身欣喜的感觉，让我们知道幸福的真正含义，让我们想远离那种生活如行尸走肉般的冷漠世界。

把握好与小人之间的距离

【原文】

待小人不难于严，而难于不恶；待君子不难于恭，而难于有礼。

【意译】

对待心术不正的小人，要做到对他们严厉苛刻并不难，难的是不去憎恶他们；对待品德高尚的君子，要做到对他们恭敬并不难，难的是对他们有礼。

【解读】

我们生活的世界是一个庞大繁冗的人际关系联合体，其中有各色人物，他们有各自的性格。只要我们身在一个团体中，就会和各种各样的人打交道，这些人有的是君子，有的则是小人。一个人想要拥有良好的人际关系，首先就要有容得小人、敬得君子的气量。

一家公司新调来一位主管，据说是个能人，专门被派来整顿业务。可是一天天过去，新主管却毫无作为，每天彬彬有礼地走进办公室，便在里面难得出门。于是前任主管的心腹开始诋毁这位新主管，说他没有能力，只会做缩头乌龟。"他哪里是个能人嘛！根本是个徒有虚名的骗子，如果他再继续下去，我们要求换回原来的主管！"心腹去找公司经理抗议，经理不置一词。

四个月过去，就在大家对新主管感到失望时，新主管却开始发威了，他拿出有力的数据，论功行赏，很多为公司做过贡献的人都获得了晋升。新主管下手之快，断事之准，与四个月来表现保守的他，简直像换了一个人。

心腹见此，则惶惶不可终日，开始灰溜溜地找新工作，打算离职。可让他没有想到的是，第二批的升职名单里竟然有他，他惊讶地瞪圆了眼睛，不知该如何是好。于是他买了昂贵的礼物到新主管家拜访，一来是出于感激，二来也是想借此机会和新主管成为朋友。没想到，新主管连门都没让他进，直接对他说："升你的职是因为你做到了，这个职位是你应该得的。"心腹汗颜，小声说："对不起，以前我不该那样诋毁你。"新主管则淡然一笑："这些我都知道，这和升职没有关系，你还是请回吧。"

朋友问新主管："你既然让他升职，为什么不让他去你家里呢？"新主管笑："对于工作来讲，我需要的是他的业绩，至于他说过我什么，没什么大不了。但是，论人品，我们不可能成为朋友，所以，没有必要走得太近。"

气量首先是指容得小人的气度。只有让小人知道了我们的忍让，我们和小人之间的问题才能迎刃而解。实际生活中，做一个有气量的人，对别人的狭隘主动地选择包容，不仅有利于问题的解决，还能赢得他人的敬重，真可谓一举多得。

总的来说，要想在人际交往中契机应缘、和谐圆满，就要辨清君子小人，随机调控我们胸怀的容量。而人际是相互的，要想气量调控用到点子上，关键靠三点：一是平等的待人态度，不自认为高人一等，保持一颗平常心，平视他人，尊重他人；二是宽阔的胸襟。胸怀坦荡，虚怀若谷，有错就改；三是宽容的美德，能够仁厚待人，容人之过。因此，气量实际上反映了一个人的素养和品性。

至善无痕，
不计得失

菜根谭·小窗幽记·围炉夜话（精华版）

【原文】

施恩者，内不见己，外不见人，则斗粟可当万钟之惠；利物者，计己之施，责人之报，虽百镒难成一文之功。

【意译】

一个布施恩惠于人的人，不应总将此事记挂在内心，也不应对外宣扬，那么即使是一斗粟的恩惠也可以得到万钟的回报；以财物帮助别人的人，总在计较对他人的施舍，而要求别人予以报答，那么即使是付出一百镒，也难有一文钱的功德。

【解读】

"问渠哪得清如许，为有源头活水来"，这句诗是在告诉人们，只要是纯净的泉眼，就能源源不断地流出清水。对人来说，心灵的善是一切行为的泉眼，只要心灵善良、纯净、美好，所有的行为也就不会带有灰色。

善意是一切感情中最无私、最宽容的力量。如果只是为了炫耀自己的能力才去帮助别人，帮助也就变得冰冷而毫无意义。

一个人对善行最大的体验就是去帮助别人，对任何人都充满善意，为他人着想。善意是人与人之间交流的最好工具，只要你是带着善意去帮助别人的，不管效果如何，你至少让对方的心灵感到了温暖。

在中国梦想秀的舞台上，曾经出现过这样一个男人，他曾经是酒吧的一个驻唱歌手，然而不幸的是他患上了尿毒症。家里为他倾尽所有，仍然解决不了实质问题，于是，他想选择放弃治疗。令人没有想到的是，一张汇款单寄到了他家里，他询问了所有人，谁都不知道这笔钱到底是谁寄的。而且，每个月的月底他都会收到一张来自广州的汇款单，这笔钱也帮助他渡过了难关。为了找到汇钱的那个人，他来到了中国梦想秀，想得到大家的帮助。

历尽千辛万苦，通过邮局等多方查证，这个人终于找到了，原来是曾经与他在一起唱歌的歌手。主持人问汇款的歌手："你原本也没有多少钱，可为什么不遗余力地去帮助朋友？"汇款人回答得很轻松："我们曾经在一起共事，我也清楚他手里没钱，能帮他一把就帮吧，我也不想他回报我，所以，还是不要告诉他实情比较好。"

当现场记者发回汇款人住所的照片，所有人都非常伤感，简陋的房间，里面几乎可以说是一无所有，然而，他却隐姓埋名地每个月给朋友汇去大额的款项。

当一个人的内心充满善念，他就会是一个不计较得失的人，凡事体恤他人想法，以他人的感受为自己行事标准的人，也一定是具备大智慧的人。

人活着，心中就应常怀善意悲悯之情。《少年派的奇幻漂流》中，那个少年不是没有机会把老虎赶下小船或是趁其不备推其下水后自己漂流而去，然而，即使在食物所剩无几还要提防虎口之时，他也没有那么做。当他知道小岛的危险后，没有一人乘着满载食物的小船离去，而是呼唤老虎和他一同离开险境。也许，正是因为他怀着一颗善意悲悯之心，上天才让他最终抵达生的海岸吧！

在当今社会中，作为社会化的人，更不可避免要与其他人接触、相处，而只有怀着善良之心，不计得失，才能从容、淡然地处理世事。

放下我执，才有自在

【原文】

　　世人只缘认得我字太真，故多种种嗜好，种种烦恼。前人云："不复知有我，安知物为贵？"又云："知身不是我，烦恼更何侵？"真破的之言也。

【意译】

　　世上的人因为把"我"字看得太重，所以才会产生种种嗜好和种种苦恼。古人说："如果已经不再知道我的存在，又怎么会知道东西是否贵重？"又说："如果知道自身都不是我所能掌握所能拥有，那么烦恼又怎能侵害我呢？"这真是一语中的。

【解读】

　　林语堂有一句很形象的话："自己萎弱，恶人健全；自己恶动，忌人活泼；自己饮水，嫉人喝茶；自己呻吟，恨人笑声，总是心地欠宽大所致。"心胸狭隘的人，总是感觉别人过得比自己好，把自己弄得很痛苦，在别人眼里这种心理是非常可笑的。

菜根谭·小窗幽记·围炉夜话（精华版）

　　人们在日常生活中，提到最多的字眼恐怕就是"我"字了，生活中怎么能无"我"呢？但是把"我"字看得太重，执着于追求"我"或为"我所有"，而不理解"无我"境界的妙处，就会给自己增添很多不必要的烦恼。古人说，如果不知道"我"的存在就不会知道东西是否贵重，如果知道自身并不属于自己所有，也就不会有那么多的烦恼了。这实际上是告诉人们应该放下自我，放下私欲，这样烦恼自然就消散了。否则，事事只想着自己，被自私的欲望所迷惑，最终受害的也只能是自己。有一个故事讲的就是这个道理。

　　有一位已婚女士，家境颇丰，因为先生有能力，所以，她也不用朝九晚五地为了生活打拼，每日闲来无事做做美容，练练瑜伽，她成了身边所有女人羡慕的对象。每次大家聚在一起，无不齐声夸赞她的幸福，唯独她，却很少笑，整日唉声叹气，牢骚满腹。大家都很不理解这是为什么。没过多久，人们听说她身患抑郁症，严重到需要定时服药，被人看护。后来，通过她的先生，人们方才得知真相。原来，她是个非常以自我为中心的人，整天什么事情想到的都是自己，从来不为他人着想。这种自私与自我的性格，促使她整日不快乐，无论别人对她有多好，她都觉得这是应该的，而别人对她稍有怠慢，她立即大吵大闹。久而久之，竟成了抑郁症患者。

　　虽说私欲是一切生物的共性，但人之所以为人，之所以是万物之灵长，宇宙之精华，就不同于其他生物。这个不同之处主要体现在人对自身欲望的控制上。如果一个人的心中全是私心杂念，一点都不懂得分享，也不懂得奉献，只是一味地自私、冷漠，最终将会导致自己灵魂的缺失和畸形。相反，如果能够慷慨一些、大度一些，好的事物能和别人共同分享，由此烦恼就会减少，生活也会自在一些。

　　把自己看得太重的人，不能容忍任何人对自己的小挑衅，常常将自己受到的伤害放大，自己也因此感到更加痛苦；而心中有大局的人，却可以把自己放在合适的位置上，忽略别人对自己的伤害，不仅让事情向着最优的方向发展，也很好地保护了自己的情感。

第 5 章

护心:
你并不需要那么坚强

降魔者先降其心，
驭横者先驭其气

【原文】

降魔者先降自心，心伏则群魔退听；驭横者先驭此气，气平则外横不侵。

【意译】

要想降伏恶魔，必须首先制服自己内心的邪念，只有把自己内心的邪念先去除了，所有的恶魔才会消除；要想控制不合理的横逆事情，必须首先控制自己浮躁的情绪，只有把自己的浮躁情绪控制住，那些外来的强横事物才不会侵入。

【解读】

每个人的心中都有理性和情绪的斗争，普通人的心中随时都在打内战。如果妄念不生，止水澄波，心兵永息，自然天下太平。人生就是如此，从容淡定中，就是另一种生命、另一种活法、另一番境界。遇到事情，还未想到解决的办法，心就慌了。针对这个问题，《菜根谭》提出"降魔者先降其心"、"驭横者先驭其气"的解决办法。而这个办法总结起来就是，消除心中的妄念，平息浮躁的情绪，从容淡定地应对所有的外来横逆之物。

心绪慌乱之时需要"快刀斩乱麻"，一剑落下，绳结自开。如果在纷扰之中乱作一团，最终我们只会溃不成军。然而，许多人在面对纷繁复杂的问题时，通常是兵荒马乱，自乱阵脚。

有句佛语叫"拥水月在手"天上的月亮太高，凡尘的力量难以企及，但是开启智慧，拥一捧水，月亮美丽的脸就会笑在掌心。这就好比下雨时，匆忙奔跑的人躲雨却成了落汤鸡，而漫步赏雨的人，虽然浑身湿透但心境却是明朗的。相比之下，这个淡然安定地欣赏雨景的人，其实深谙从容的生活智慧。面对问题，忙乱是一种选择，从容也是一种选择，而前者出错，后者出方法。从容淡定是一种不易达到的大境界。

宋朝人称"鬼才"的诗人赵师秀，在当时也就是一个低等小官，他饱读诗书，才高八斗，可惜却得不到重用，就连他身边的朋友看到他的际遇，都对他感叹不已。人皆以为其诗中会有满肚子的愤懑不平，但他却以五律为载体，苦心雕琢推敲，锤炼字句，把自身自然淡泊的高逸情怀表现得荡气回肠。以诗明志，让原本属于等待中的焦灼变成安然、淡定。他的"黄梅时节家家雨，青草池塘处处蛙"在当时名噪一时，没有人能想到写得出如此佳作的人，竟然是生活困顿不如意之人。也正是因为赵师秀的心态平和，最终他的人生才有了惊天的反转。

"自古英雄多磨难，从来纨绔少伟男"，古今中外有许多人都在磨难的泥泞路上，留下自己的脚印。虽然他们备受磨难，但是他们也从磨难中练就了处变不惊、从容处事的品格。他们不会因为遇到一点小挫折而愤愤不平，能够耐得清贫、守得寂寞，也能在浮华诱惑面前保持冷静，不丧失本我。

在日常生活中，从容让人在车马喧嚣之中多一分理性，在名利劳形之中多一分清醒，在奔波挣扎中多一分尊严，在困顿坎坷中多一分主动。无论世事怎样变幻、时间几经周转，没有古人这种心无旁骛、从容淡定的精神境界是不可能成就辉煌人生的。无论是在学习中还是工作中，遇到问题和难处，首先降伏自己内心的不协调因素，心境平和，处理外事时就会从容。

心无羁绊，
幸福才会来敲门

【原文】

福莫福于少事，祸莫祸于多心。惟苦事者，方知少事之为福；惟平心者，始知多心之为祸。

【意译】

人生最大的幸福莫过于没有忧心的琐事牵挂，而最大的灾祸没有比疑神疑鬼更可怕了。只有整天奔波辛苦忙碌的人，才知道无事一身轻是最大的幸福；只有心平气和的人，才知道猜疑是最大的灾祸。

【解读】

性格决定命运，影响性格的则是心态。无谓的牵挂与过多的猜忌始终会让我们走不进幸福。《菜根谭》中反复强调：幸福的定义无外乎没有无谓的牵挂，也不会用心去猜忌别人的想法。因此，试着去做一个乐观的人，不被无谓的事情将心灵羁绊，用淡定平和的内心，放弃那些时常萦绕在心头疑神疑鬼的念头。只有把心态放正，使整颗心真正释怀，你才会蓦然发现，幸福的感觉原来是那么简单。

世界保险业的巨子克莱门提史东在事业蒸蒸日上的时候，刚好遇到大萧条的寒流席卷美国，赚钱不容易，许多中小工商企业倒闭，人们都想把钱存下来以便渡过将来更艰难的日子，再也没有人想到史东的保险公司去投保了。

史东冷静地面对现实，他认为："如果你在困难的时期以决心和乐观来应付，你总会有利益可得。"史东把自己的想法灌输给自己的部下，现在推销队伍只剩下200人，他带领着部下艰难奋战。

史东得到了一家保险公司即将出售的消息，决心乘此良机将该公司买下来，但是，他没有这么多钱，他对自己说了句："现在就做！"带领律师走入了那家公司董事长的办公室。

"我想买你们的保险公司。"史东表示。"很好，160万元。你有这么多钱吗？"对方问。"没有，不过，我可以借。"史东实话实说。"向谁借？"对方不解地问。"向你们借。"史东坦然地回答。

这真是一桩不可思议的买卖。但是，经过多次洽谈，那家公司还是同意了。克莱门提史东买下这家保险公司，苦心经营，终于将一家微不足道的保险公司发展成为今日的美国混合保险公司，史东本人也跻身于美国富翁之列，其财产在5亿美元以上。

事实就是这样，当一个人顾虑太多时，就会把时间浪费在无谓的揣测猜忌上，从而举棋不定，坐失良机。相反，一个心态平和，顺应本性说话办事的人，往往因为率真和诚实吸引机遇和伯乐的眼球。在我们的实际生活中，懂得这样的道理，我们就会为自己动用心机而感到羞愧，从而有意识地让自己时时刻刻保持心境的澄明。如果一个人真的这样做了，那么他无论是在工作中还是生活中，都会少些负担和忧虑。

一个人坦诚处世，消除猜忌之心，生活的背负就会轻些，人际关系也就跟着简单起来。做人、做事的道理很多，而且总是"仁者见仁，智者见智"，但其实做人之道用"福莫福于少事，祸莫祸于多心"就可以诠释。

身在事中，
心却要超然事外

【原文】

波浪兼天，舟中不知惧，而舟外者寒心；猖狂骂坐，席上不知警，而席外者咋舌。故君子身虽在事中，心要超事外也。

【意译】

波涛滚滚，巨浪滔天，坐在船上的人不知道害怕，而在船外的人却胆战心惊；席间有人猖狂谩骂，同席的人不知道警惕，而席外的人却感到震惊。所以有德行的君子即使身陷事中，也要将心灵超然于事外才能保持清醒。

【解读】

世人每天都在忙碌、不安和烦恼中度日，一个烦恼过去，下一个烦恼又来了，愁工作、愁财富、愁子女，甚至有时候顾影自怜……总之，各种各样的烦恼层出不穷，永不停息。

烦恼皆由心生，很多烦心事其实是庸人自扰，就像《红楼梦》中所说的那样——"无故寻愁觅恨"。我们处于一个纷乱的世界，每一桩小事的发生都可能导致心情的起伏。若不能在世事变幻中保持本心、少生妄念，那么再小的事情都可能给人带来烦恼。有的人遇到芝麻大的小事就会惊慌失措，还有的人却能在滔天巨浪里保持镇定，这种天差地远的态度常常就决定了人生的不同走向。

烦恼如同不良生活习惯导致的疾病，淡定从容的生活态度是避免烦恼的好方法。但这种好方法并非每个人都懂，即使是有大智慧的智者有时也难以做到超然事外。

白云守端禅师在方会禅师门下参禅，几年来都无法开悟，方会禅师怜念他迟迟找不到入手处。一天，方会禅师借着机会，在禅寺前的广场上和白云守端禅师闲谈。方会禅师问："你还记得你的师傅是怎么开悟的吗？"白云守端回答道："我的师傅是因为有一天跌了一跤才开悟的，悟道以后，他说了一首偈语：'我有明珠一颗，久被尘劳关锁。今朝尘尽光生，照破山河万朵。'"

方会禅师听完以后，大笑几声，径直而去。留下白云守端愣在当场，心想："难道我说错了吗？为什么老师嘲笑我呢？"白云守端始终放不下方会禅师的笑声，几日来，饭也无心吃，睡梦中也经常会无端惊醒。他实在忍受不住，就前去请求老师明示。

方会禅师听他诉说了几日来的苦恼，意味深长地说："你看过庙前那些表演猴把戏的小丑吗？小丑使出浑身解数，只是为了博取观众一笑。我那天对你一笑，你不但不喜欢，反而不思茶饭，梦寐难安。像你对外境这么认真的人，比一个表演猴把戏的小丑都不如，如何参透无心无相的禅呢？"

淡定从容，应是我们对待所有事情的态度，尤其是在尴尬或危险的境地里，这种态度就更为重要，或许就能帮我们化解尴尬，解除危险。

在现代都市竞争的人性丛林，从容淡定是一种难以达到的大境界，庸人都在杞人忧天、慌不择路，只有智者镇定从容。"百年三万六千日，不在愁中即病中。"古人的诗句可谓一语道出了多数人的人生境况。生活中总有不尽如人意的地方，关键在于你怎样看待。有繁杂事情的人生才是最真实的，烦恼根本没有必要，淡定从容、妄念不生地对待纷扰的人生才是最合适的。

不沾浮华，
永远守护一颗本心

【原文】

　　山肴不受世间灌溉，野禽不受世间豢养，其味皆香而且冽。吾人能不为世法所点染，其臭味不迥然别乎！

【意译】

　　生长在山林间的蔬菜野果不必接受人工的灌溉施肥，野生的禽兽没有接受人工饲养和照顾，可是它们的味道清香美妙。我们如果不被尘世间的功名利禄所污染，品德心性自然显得分外纯真，那么我们的气质不就和别人有很大的不同吗？

【解读】

　　人生其实是个很自然的过程，生于自然，而死于自然，任其自然而本性不乱。不可否认的是，生活中确实有许多个过程会让我们瞬间迷失本性，或受金钱的诱惑，或被利益所趋使，但如若对此不加约束，而任凭自己被尘世间的功名利禄所污染，那么，我们便再也体会不到拥有一颗初心所带来的淡定与从容。

　　如果将老庄绝圣弃智的观念归纳到生命理想中，便是"见素抱朴，少私寡欲"。"见"指见地，观念、思想谓之见；"素"乃纯洁、干净；"朴"是未经雕刻、质地优良的原木。见素抱朴正是圣人超凡脱俗的生命情操，佳质深藏，光华内敛，一切本自天成，没有后天人工的刻意造作。

　　他是一个大公司的总裁，有太多人削尖了脑袋想进他的公司工作。一个周末，琐事缠身的他难得有时间可以轻松一下，自驾来到了一个乡镇。那是一个依山傍水的小城，他悠闲地徜徉其中，呼吸着新鲜的空气。一个卖石头的女人引起了他的注意，她卖的那些石头没有人工的雕琢，只是洗刷得很干净，而且各有其趣，充满了大自然的灵气。女人给石头贴上各种标签，让喜欢的人自己看着付钱拿走。他蹲下身，问女人："这些石头从哪里找来的？"女人随手一指身后，"山里啊，还有很多。"他问："那你可以带我去吗？"女人略有迟疑，他说："我可以付你钱的。"结果，整整一天，他和女人都在山上找石头。每找到一块别致的，女人就兴奋地欢呼，他也跟着无端地开心起来。下山的时候，他给了女人五百块钱，女人不要，他看女人衣着寒酸，遂问她："你想去城里吗？我给你安排个工作。比你卖石头赚的多。"女人问："那有我卖石头快乐吗？"男人认真想了想，摇了摇头，女人认真地说："那我可不去。"

孔子在《论语》中说，"素"如一张白纸，毫不沾染任何颜色。人的思想观念要时刻保持纯净无杂，即佛家禅宗所说"不思善，不思恶"。心地胸襟，应该随时怀抱原始天然的朴素，并以此态度来待人接物，处理事务。个人拥有这种修养，人生一世便是最大的幸福；如果人人秉持这种生活态度，天下自然太平和谐。

前念不滞，
后念不迎

【原文】

今人专求无念，而终不可无。只是前念不滞，后念不迎，但将现在的随缘打发得去，自然渐渐入无。

【意译】

如今的人一心想做到心无杂念，但终究也没有办法达到完全没有杂念的地步。只要先前的杂念不存在心中，对于未来的事情不去忧虑，把握现实将目前的事情做好，自然能渐渐达到无杂念的境界。

【解读】

当一切变成黑暗，后面的来路，与前面的去路，都看不见，如同前世与来生，都摸不着。我们要做的是什么？当然是"看脚下，看今生"。

人生最值得珍视的是当下的实在。然而现代人杂念丛生，正是因为放不下过去，太在意将来。《菜根谭》说，只要先前的杂念不存在心中，对于未来的杂念不会生起，只将现有的杂念随着机缘打发掉，自然能渐渐达到无杂念的境界。

有许多人都相信来生与前世。因为那可以让我们对今生的不幸，用前世做借口，说那是前世欠下的；又对今生的不满，用来生做憧憬，说可以等待来生去实现。问题是，哪个"今生"不是"前世"的"来生"？哪个"来生"不是"来生"的"今生"？来生的缘，可以是今生结下的；来生的果，可以是今生种下的。前世的债，今生正在还。还不清，来生还得继续。前世的缘，今生正在实现，好不容易盼到了，自当好好把握。

有个小和尚负责清扫寺院里的落叶。这是件苦差事，秋冬之际，每次风起，树叶总是随风飞舞。每天早上都需要花费很多时间才能清扫完树叶，这让小和尚头痛不已。他一直想找个好办法让自己轻松些。

后来有个和尚跟他说："你在明天打扫之前先用力摇树，把落叶都摇下来，后天就可以不用扫落叶了。"小和尚觉得这是个好办法，于是隔天他起了个大早，使劲地摇树，以为这样就可以把今天跟明天的落叶一次扫干净了，他一整天都很开心。

第二天，小和尚到院子里一看，不禁傻眼了，院子里如往日一样满地落叶。老和尚走了过来，对小和尚说："傻孩子，无论你今天怎么用力，明天的落叶还是会飘下来的。"小和尚终于明白了，世上有很多事是无法提前的，唯有认真地活在当下，才是最真实的人生态度。

我们常听人说，要"活在当下"。所谓"当下"就是指：你现在正在做的事、待的地方、周围的人。"活在当下"就是要你把关注的焦点集中在这些人、事、物上面，全心全意地认真接纳、品尝、投入和体验这一切。

然而大多数的人都无法专注于"现在"，他们总是想着明天、明年甚至下半辈子的事，时时刻刻都将力气耗费在未知的未来，却对眼前的一切视若无睹，便永远也不会得到快乐。当你存心去找快乐的时候，往往找不到，唯有让自己活在"现在"，全神贯注于周围的事物，快乐才会不请自来。人生无常，很多事情都不是我们能预料的，我们所能做的只是把握当下，珍惜拥有。

冷静处世，
才不惑不累不留遗憾

【原文】

　　冷眼观人，冷耳听语，冷情当感，冷心思理。

【意译】

　　用冷静的眼光观察他人，用冷静的耳朵地听他人说话，用冷静的心情处理事物，用冷静的头脑思考其中的道理。

【解读】

　　百年人生难得一个"冷"字。冷眼观人，才能知人知面，看得清他人本质；冷耳听语，才能字句入心，辨得出弦外之音；冷情感事，才能守住理智，作出正确的判断；冷心思理，才能灵台澄澈，不为外物所惑。一个成熟的人待人是冷静的，处世是理智的，这样遇事才不会感情冲动不知所措，做事才会有条不紊有序而行。冷静是人们立身处事的基本素质，如果缺乏冷静，人们很容易受外界的名利所惑，而迷失方向，迷失自我。战国时期著名的哲学家庄子，就是一个淡泊守心、冷静处世之人，因而他的思想能够真正达到逍遥而游的境界。

　　宋王遣曹商使秦，宋王赐车数辆。曹商至秦游说，甚得秦王欢心，又获秦王所赠车马百乘。曹商返宋后见到庄子便得意地夸耀："从前我身居空街陋巷，困窘做鞋，面黄肌瘦，埋没了我的才能。而今凭借口舌打动大国君主，获车百乘，我的本领才得以充分施展。"庄子听罢，讥讽道："我听说秦王有病召请属下的医生，破出脓疮溃散疖子的人得车一乘，而舌舐痔疮的人得车五乘；所治病愈卑下，则得车愈多。你使秦得车如此之多，大概比舐痔更加卑贱。"曹商扫兴而归。

　　惠施任梁相，庄子前往拜访。惠施听人说庄子赴梁欲代其为相，因此十分恐慌，一连三日三夜教人大肆搜寻庄子。庄子见状，主动登门对惠施说："南方有鸟(凤类之鸟)，它自南海飞往北海，沿途非竹实不食，非甘泉不饮。鸱(猫头鹰)刚刚拾到只腐鼠，见鸟飞越头顶，便抬头怒目相视，大声恐吓。现在你也因你的梁国相位而恐吓我吗？"

庄子冷眼看世态炎凉、盛衰荣辱，于是他更趋于清净无为，向道之心更为强烈，思想也更加脱俗，但是，一些热衷于功利之辈却以小人之心度君子之腹，实在可笑。人活于世，难免执着于名利二字。但是，名缰利锁，虚费光阴。如果过分追逐不属于自己的功名利禄，往往会使自己陷入难以自拔的窘境。这时，人们就需要静下心来，冷心思考，才能不被名缰利锁束缚，远离现实生活中的各种陷阱。

我们身处的时代到处都结着欲望的梅子，比如望着昂贵的名牌，有人想穿在身上；望着高高在上的权势，有人想握在手中；望着别人拥有的财富，有人想拥有更多……但是当人们望着它们时，却不知道那些都是酸的。尤其是对于没有经验的年轻人，这种渴望往往是深陷其中的前兆。而历过世事的人，会告诉我们要冷静分析，才能看到隐藏在利益背后的危险。

从古到今，有几人能够摆脱利益的束缚，能用于现实而不为现实所用呢？但是如果让人们完全没有欲望，也是不合常理、违背人性的。折中之法就是，头脑冷静，凡事都要静下心来仔细掂量之后，再做决断。只有这样，才不会做出让我们抱憾终生的事。

任意逍遥，拥有简单的心

【原文】

身如不系之舟，一任流行坎止；心似既灰之木，何妨刀割香涂。

【意译】

身体要像一艘没有系上缆绳的小船，任凭船儿漂流或者静止；心地要像已经焚成灰的树木，不怕刀砍或者涂香，丝毫不觉痛痒。

【解读】

一朵花自有枯荣，一丛柳絮自知漂泊，这些本是自然之事，但是人们常常因为花飘零、絮无依而让心中滋生惆怅。其实，顺着自然看去，人生自有领悟。事情并不总是顺心，但是心顺了一切都顺了。一个心灵纯净、和顺的人，也就是拥有平常心的人，他们超越了生活的繁琐，放任自在的心灵，更让人感到生活的惬意。

人在生活中需要修行，需要磨炼，但是修行磨炼不是让生活更加复杂、忙碌，而是让我们的生活更加自然、平稳。让我们的身心像没有系上缆绳的小船那样，任凭风吹浪打或是风平浪静，一旦我们达到了这种境界，就能在任何场合下，保持最佳的心理状态，充分发挥自己的水平，施展自己的才华，从而实现完善的"自我"。

所谓"心似既灰之木，何妨刀割香涂"不是指心如槁木、没有追求的人生，而是指一种专注而又任性而为的生活。心灵没有羁绊的话，也就没有什么能阻挡一个人的脚步。专注于生活本身，不让心灵承受外物的浮华和痛苦。有所收获的人生，没有什么秘诀，"任性逍遥，随缘放旷，但尽凡心，别无圣解"就是了。

然而，实际生活中，人们往往很难做到一心一用，他们在利害得失中穿梭，无法用一颗平常心对待浮华的宠辱，产生了"种种思量"和"千般妄想"。他们在生命的表层停留不前，这是他们生命中最大的障碍，他们因此而迷失了自己，丧失了"平常心"。要知道，"身如不系之舟，一任流行坎止"，顺其自然地感受生命，才能找到生命的真谛。

有一次，孙子和祖父进林子里捕野鸡。祖父教孙子用一种捕猎机：它像一只箱子，用木棍支起，木棍上系着的绳子一直接到他们隐蔽的灌木丛中。野鸡受撒下的玉米粒的诱惑，一路啄食，就会进入箱子，只要一拉绳子就大功告成了。

祖孙两人支好箱子藏起不久，就有一群野鸡飞来，共有九只。大概是饿久了的缘故，不一会儿就有六只野鸡走进了箱子。孙子正要拉绳子，可转念一想，那三只一会儿也会进去的，再等等吧。等了一会儿，非但那三只没进去，反而走出来三只。

孙子后悔了，对自己说，哪怕再有一只走进去就拉绳子。接着，又有两只走了出来。如果这时拉绳，还能套住一只。但孙子对失去的好运不甘心，心想着还会有野鸡再回去的，所以迟迟没有拉绳。

结果连最后那一只也走了出来。孙子一只野鸡也没有捕到。

生活需要不偏不执，需要一颗简单的心。想得太多，顾虑太多，必定难以成事。

心灵纯净的人，往往是精神潜能真正觉醒的人。他们那些美好的梦想和执着的信念具有强大的感召力，所以能四两拨千斤般创造奇迹。他们强大的影响力与单纯的个人魅力常常形成一种怪异的对比，那天真烂漫的生活和无忧无虑的心态使他们宛若孩童，但思想的感染力和举手投足间的强者风范却令人心生艳羡。

第 6 章

独立：
总要活得义无反顾

世态炎凉，
做人难得糊涂

【原文】

人情世态，倏忽万端，不宜认得太真。尧夫云："昔日所云我，今朝却是伊。不知今日我，又属后来谁。"人常作如是观，便可解却胸臆矣。

【意译】

人世间的冷暖炎凉，真是错综复杂瞬息万变，所以对任何事都不要太认真。邵尧夫先生说："昨天所说的我，在今天已经变成他。还不知道今天的我，明天又变成谁。"人们常作这样的思考，就可以解开心中的一切烦恼。

【解读】

罗兰曾经说过："大海的深度可测，人的心灵却无底无限！"没有人可以洞悉别人的内心，自然也就体会不到他人的感受。尤其当我们生存在现实的世界里，每个人为了生存而拼尽全力，钻营、奉承，利益驱使下的人们，当然也就很少顾及姿态，拜高踩低的事情屡见不鲜。

当我们固执己见地坚持某些东西时，换来的却是无情或冷漠，那么不妨告诫自己，正确地面对世态炎凉。没人在乎，那就自己在乎自己，若人走茶凉，就守心自暖；若曲终人散，就安享流年，让自己回归平静，回归真实，以最淡的心守候最真的情，用难得糊涂的心态去看待人事，用平常心消解纠结在内心深处的不平。

曾经有一个学生，是全国重点大学毕业生，所学专业很热门，凡是从他们班毕业的学生，无不投向商界和政坛，而且，几乎每个人的战绩都是辉煌的。唯有他，选择了回乡下，承包了整座山的果园，每天起早贪黑地劳动，同学聚会，大家看着坐在角落里的他，没有一个不叹息的，他可是班长啊，学校里的高材生。大家私下里，或者在明处都开始对他嘲讽，他不以为意，憨憨一笑。

他热情地邀请同学们来他家小聚，他说家中好是好，就是没什么人气，太冷清了。同学们都对他的提议嗤之以鼻，都这么忙，哪里有时间去你那穷山沟。

几年后，当大家在电视里看到他时，他已经成为几家连锁食品厂的董事，专门做出口水果制品的生意，大家都坐不住了，纷纷打听他的地址，络绎不绝地开着车去山里看他。他老婆愤愤不平地说："别理这些人，当初邀请都不来，现在轰都轰不走。"

他笑着说："你没发现自从他们来了以后，咱们这山里再也不冷清了吗？当初咱们请他们图的就是个热闹，现在他们来了，咱们热闹了，这不就是咱们一直想要的吗？不用管这中间发生了什么！"

人生没有绝对的事情。世事变幻如天上浮云，云来云去，始终如一的只能是我们自己一直不变的平常心。无论遭遇什么事，只要我们以平常心相待，这样的境遇也就变得不值得一提。很多人创造奇迹的关键就在于他们不计较一时的得失，而是顺其自然，以难得糊涂的心态来对待生活中的各种不如意。

所谓"落花无言，人淡如菊"，与其把全部的精神都放在他人身上，试图得到别人的理解与尊敬，还不如善待自己，带着一颗悠然的平常心，定可解开一切心结。

不为外界所扰，努力生长

【原文】

风斜雨急处，要立得脚定；花浓柳艳处，要着得眼高；路危径险处，要回得头早。

【意译】

在风斜雨急的变化中，要把握自己的脚步，站稳立场；处身于艳丽色姿中，必须把眼光放得辽阔而把持住自己的情感，不致迷惑；在山路狭窄危险处，要及早回头，以免深陷其中。

【解读】

人生在世，贵在自知。无论人们在社会中的处境如何，角色如何，都应该恰当地定位自己，认识到自己的独特之处，然后坚定立场，在属于自己的道路上寻找属于自己的风景。正如王维的《辛夷坞》中所说："木末芙蓉花，山中发红萼。涧户寂无人，纷纷开且落。"那山中的芙蓉花并不因生在深山而黯然失色，春来秋去，它依然绽放自己生命的美丽，灿烂地活在世上。植物尚且如此，何况是人。虽然每个人都不一定拥有显赫的地位，耀眼的才华，但是这并不能够阻碍人们去追求属于自己的成功人生。

在一个偏僻遥远的山谷里，一个高达数千尺的断崖边上，不知何时，长出了一株小小的百合。百合刚诞生的时候，如同杂草，但它心里知道自己并不是一株野草。它的内心深处，有一个纯洁的念头："我是一株百合，不是一株野草。唯一能证明我是百合的方法，就是开出美丽的花朵。"有了这个念头，百合努力地吸收水分和阳光，深深地扎根，直直地挺着胸膛。

终于在一个春天的清晨，百合的顶部长出了第一个花苞。百合的心里很高兴，附近的杂草却很不屑，它们在私底下嘲笑着百合："这家伙明明是一株草，偏偏说自己是一株花，还真以为自己是一株花，我看它头上顶的不是花苞，而是个瘤子。"它们讥讽百合："你不要做梦了，即使你真的会开花，在这荒郊野外，你的价值还不是跟我们一样？"

偶尔也有飞过的蜂蝶鸟雀，它们也会劝百合不用那么努力开花："在这断崖边上，纵然开出世界上最美的花，也不会有人来欣赏呀！"百合说："我要开花，是因为我知道自己有美丽的花；我要开花，是为了完成作为一株花的庄严使命；我要开花，是因为自己喜欢以花来证明自己的存在。不管有没有人欣赏，不管你们怎么看我，我都要开花！"在野草和蜂蝶的鄙夷下，百合努力地释放内心的能量。

终于有一天，它开花了，它那灵性的白和秀挺的风姿，成为断崖上最美丽的风景。这时候，野草和蜂蝶再也不敢嘲笑它。百合花一朵一朵地盛开着，花朵上每天都有晶莹的水珠，野草们以为那是昨夜的露水，只有百合自己知道，那是极深沉的欢喜所结的泪滴。

故事中的百合虽然从一开始就受到周围杂草的嘲笑，但是它能够不为外界所扰，坚信"我是一株百合，不是一株野草"，并努力地扎根生长，最终开出美丽的花朵。社会上的每个人都有自己固定的身份，但无论人们的身份与角色是什么，都应该像那株百合一样牢记自己的独特之处，坚定地寻找属于自己的世界，成就属于自己的境界。或许那个世界不是特别广阔，那个境界并不高远，但至少它是属于自己一个人的，自己能够感受到生命中的那份独特的快乐。

气节长存，
君子名留青史

【原文】

事业文章随身销毁，而精神万古如新；功名富贵逐世转移，而气节千载一日。君子信不当以彼易此也。

【意译】

一般来说，事业和文章会随着人的死亡而消失，只有伟大的精神万古不朽；功名利禄、富贵荣华会随着时代的变迁而转移，忠臣义士的志节却会永远留在人间。可见一个君子绝对不可以放弃留名青史的气节，去换取会随身销毁的东西。

【解读】

人的一生注定要与各种风波相伴，功名利禄，富贵荣华，往往随着岁月的流逝，转眼成为过眼云烟。然而，在历史的长河中，总会有一些人，他们的气节、风骨如夜空中最闪亮的星星名垂青史，长留人间。

公元1276年，元军渡江南下，南宋小朝廷所在地临安告急。面对元兵的大举进逼，文天祥临危受命任右丞相兼枢密使，出使元营慷慨陈词，激怒元军统帅，被扣押。誓死不降的文天祥被元军押解前往大都（今北京），在转移途中逃脱，"变姓名，诡踪迹，草行露宿，日与北骑相出没于江淮间"，"已而得舟，避渚州，出北海，然后渡扬子江，入苏州洋，辗转四明、天台，以至于永嘉。"九死一生，历尽艰险，文天祥终于回归南宋故土。

文天祥号召天下勤王抗元，苦撑危局三年，于潮阳五坡岭被俘。在被押解前往大都途中，文天祥投水自尽，被救起。过零丁洋时，他挥毫写下"人生自古谁无死，留取丹心照汗青"的千古名句。

大海从来都是波澜壮阔，人生路上也是多曲折。看起来再顺利的人，也有痛苦的体验，如果忘却气节而使整个人随波逐流，那么就算苟活在人世间，整个人生也将陷入一个悲伤的循环中。只有有勇气接纳生活所带来的不如意，抱定初心，继续往前走，才能摆脱这种恶性循环。

如果，一个人胸中有气节，那么无论他用哪种形式去表达他内心的想法，给人的感觉都是光明磊落的，而如果我们自身少了气节作为生命的依托，那么就算我们再曲意逢迎，也得不到更多人的理解和尊重。

做一个有气节的人，就算不为名留青史，也可为自己的一颗心找到一处光明的所在。

第 7 章

审美:
愿你所见,都是最美

喜怒哀乐，
与自然相融

【原文】

当雪夜月天，心境便尔澄澈；遇春风和气，意界亦自冲融。造化人心，混合无间。

【意译】

正当飘雪夜晚皓月当空，内心境界就如此清澄明澈；每当春天微风祥和，意念境界也自然冲和融怡。大自然的创造演化和人的心灵混合融合毫无间隙。

【解读】

生活之美在于可以领略四季。春天有它杨柳拂面、和煦融融之美，此时自然不必计较春雷阵阵、春雨滴答。夏季阳光普照，处处皆是养眼绿意，也就不可对燥热难耐抱怨连连。硕果累累的秋季让人着实欢喜，丰收的喜悦掩盖了满地萧飒的黄叶。冬天白雪茫茫、一望无际，如只顾啰嗦严寒难耐，也实属不解风情。

自然的变化与人生同理，一切都有利有弊，只是看你将眼光与心态放在哪个点上。如果一味地去苛责不便之处，那么这世间断断找不出传说中的伊甸园，而如若将欢喜建立在赏心悦目的事情上，那么，与自然相拥，必会收获数不尽的美景与好心情。

一个农夫每天都要去很远的井里挑水，而他的一只水桶裂了一道缝隙，虽然不大，但是，仍然有水从缝隙里漏出来。时间久了，邻居不免对农夫指指点点，说他懒惰的有之，说他不珍惜东西的有之。于是，农夫的老婆听说之后，也开始指责他，农夫笑了，说："我每天给你带回来的鲜花是不是很漂亮？"他老婆点头，确实是，而且这些花把简陋的屋子都点缀得很美丽。农夫说："正是因为漏水的这只桶每天都灌溉着路边的花，所以，才能让这些花开得这么好，如果我把桶修好了，我们以后就再也采不到这么多美丽的花了。"他的老婆听完后，再也没有抱怨过。

　　人生不过如此。在生活中难免暗流涌动，浮礁丛生。原本得意也可能瞬间就失意，"闲看庭前花开花落"不见得就是颓废，而是一种心的修为，参透世事，学会欣赏诸多的美，方可人情练达，这不是道理，而是真相。穷途末路的低回，不是千帆过尽后的叹息，而是"云无心以出岫"的等待，让人们在经历风雨后，更能感知雨后彩虹的美，在历经磨难后，越发珍惜当下安稳的可贵。古人有两个字非常值得大家共勉，那就是"惜福"。所谓的福，不见得就是宝马轻裘、华贵珠宝，而是一种心态，一种将生活与自然完美融合后的心境。

　　于我们每个人来说，首先明白自己的愿望，并坚持到愿望实现的那一刻，便是一种应心而动的快乐生活。这期间无论遇到什么苦难、荣誉都矢志不渝、不骄不躁，修身养心，尽心向目标靠拢，尽力向更加优秀的自己迈进，也就达到了"心境澄澈"、"意界冲融"的人生境界。

心无染著，
欲境亦是仙境

【原文】

　　山林是胜地，一营恋便成市朝；书画是雅事，一贪痴便成商贾。盖心无染著，欲境是仙都；心有系恋，乐境成苦海矣。

【意译】

　　山川秀丽的林泉本来都是胜地，可是一旦沉迷留恋，就会把胜景变成庸俗喧器的闹市；琴棋书画是高雅趣味，可是一产生贪恋念头，就会把风雅的事变得俗不可耐。所以只要心地纯真，即使被外物所感染，置身在物欲横流的环境中，也能建立自己内心快乐的仙境；反之，一旦迷恋声色物欲，即使置身山间的快乐仙境，也会使精神堕入痛苦深渊。

【解读】

世间的万物皆有度，如果在度的范围内，追求更富有、更有地位并无可厚非，问题的关键就在于个人对于地位富贵的态度。如果一个人将它们看作一种证明自身价值的东西，心无杂念地只求做到精益求精，那么即便是个芝麻官，也会为自己所负的责任而事事谨慎；如果一个人将它们当作一种满足个人私欲的工具，那即便已手握重权，也不会满足，那么结局往往是走得越高，摔得越重。因此有人才会说，"谁不知足，谁就不会幸福，即便他是世界主宰也不例外"。

曾经，一个新入寺庙的小和尚，有好多天都独坐参禅，神色黯淡，默然不语。师父看出了其中玄机，微笑着领他走出寺门。寺外，一片大好的春光。放眼望去，天地间有清新的空气、半绿的草芽、斜飞的小鸟、流淌的小河……小和尚深深地吸了一口气，偷窥师父，师父正在安详地打坐于半山坡上。小和尚有些纳闷，不知师父葫芦里卖的什么药。过了一个下午，师父起身，没说一句话，打个手势，把小和尚领回寺内。刚入寺门，师父突然跨前一步，轻掩两扇木门，把小和尚关在寺外。小和尚不明白师父的意图，独坐门外，思悟师父的意思。很快，天色暗了下来，雾气笼罩了四周的山冈，树林、小溪、鸟语水声也不再明晰。这时，师父在寺内朗声叫小和尚的名字。小和尚推开寺门，走了进去。师父问："外面怎么样？"小和尚说："全黑了。"师傅问："还有什么吗？""什么也没有了。""不"，师父说："外面，清风，绿野，花草，小溪……一切都在。"小和尚忽然领悟了师父的苦心。

我们自己的心灵应该由自己掌握，绝不能被其他事物掌握，尤其是富贵名利。随着时代的发展，工作划分得越来越详细，可以说几乎每个人的手中都或多或少地握有一些权势，面对这种情况，我们更应该谨记"心无染着，欲境是仙都；心有系恋，乐境成苦海矣"的道理。对自己的追求多些把控，不要让它超出合理的需求范围，更不要让自己的心在追求的过程中被外物束缚，这样我们的生活才会和我们的追求相称。

水天一色，
使人神骨俱清

【原文】

　　春日气象繁华，令人心神骀荡，不若秋日云白风清，兰芳桂馥，水天一色，上下空明，使人神骨俱清也。

【意译】

　　春天的景致繁茂昌盛，让人感到心旷神怡，但却不如秋高气爽，清风吹拂，白云飘飞，兰花馥郁，桂花飘香，秋水与长天一色，天地澄澈清明，使人的身体和精神都感到清爽舒畅。

【解读】

　　无论是在现代还是在古代，当一个人的心灵被太多的欲望充斥，他的生活和情绪也就会跟着失去自在、宁静和相对的独立。繁华的春天之所以比不上云淡风轻的秋日，原因就在这里。

　　在生活中，人们会想：有才德的人获得高位，那我们也去争夺；有人拥有金银财宝，那我们也去攫取；有人有田地、别墅、车马，那我们也去捞一笔。这样，外物取代了人的内心，成为人们的主宰。人们不再认识自己，而只认识金银财宝、高位名望，这样，痛苦就逐渐产生了。

　　他曾经是个名厨，名震一方，人在盛名之下，骄傲是在所难免的。很多人不远万里，许以重金，只为能得到他的真传。有了钱的他开始每日游山玩水、吃喝玩乐，而且脾气逐日见长，遇见熟人都不肯先打声招呼。后来，以为大领导要来本市视察工作，于是，上司特地派他晚上准备一桌好菜。徒弟们为了能亲眼见他掌勺而欢欣不已。结果，他因为太长时间没有练手艺，再加上每日喝酒，拎着勺子的手都有些发抖。果然，那桌饭菜让他弄砸了，自此，徒弟们纷纷离去，而他也成了同行耻笑的对象。

　　其实，外界环境总是在飞速变化，一个人无论脚步多么矫健，也走不出环境布下的局，那么，让自己的步伐从容、心态平和就显得尤为重要了。我们都向往步伐从容的生活和安宁平和的内心，却常常遇到无法释怀的事情，工作机会被抢、心爱的东西落入他人之手时，我们总念念不忘地问自己："为什么会这样，这些本来都是属于我的！"遇到这种情况，即便安宁和从容从天而降，我们也不会有地方安置它们。

让我们的心保持秋天的时令，自然不会对自己没有得到的耿耿于怀了。春天虽然繁华，但却充满生长的躁动，秋天虽然清冷，却自有面对收获不急不迫的淡泊。所以当一个人像秋天那样对待外物时，心灵就走向了成熟的安宁。所以让心灵和生活像水和天一样连成一色，上下空明，那么我们的生活就会随心流动，使人"神骨俱清"。

落花下披襟兀坐，
白云无语漫相留

【原文】

兴逐时来，芳草中撒履闲行，野鸟忘机时作伴；景与心会，落花下披襟兀坐，白云无语漫相留。

【意译】

一时兴致来的时候，在草地上脱掉鞋漫步，野鸟也会忘了被捕捉的危险飞到身旁来做伴；当景致与心灵互相融合时，在飘落的花朵下披着衣裳独自静坐，白云也似乎无言地停留在头上不忍离去。

【解读】

现代快节奏的社会中，工作成了我们每天生活的目的。在这样的生活环境下，或许我们已经很久没有"落花下披襟兀坐，白云无语漫相留"的体验了。

但无论我们白天的生活如何忙碌，我们的心中始终会有一个声音在呼唤，那就是抛开无休止的工作，远离令人窒息的都市，让渴望自然的心静下来！小桥流水、一片荷塘、大片竹林、庭院花草……当世界浮躁的时候，为什么我们会渴望回归自然？

因为人本是自然之子，但在社会化进程中，人一方面得以升华，以文化区别于动物；另一方面在被社会异化，从而表现出许多非自然的属性。尤其是在商品化社会中，这种异化尤为明显。

中国古代哲学家认为，养心首先要养自然之心，要保持人原有的那种质朴、纯真的自然属性。整日工于心计，追逐名利，又如何能养心？身体回到自然里，心态回到自然去。说到这一点，晋代大诗人陶渊明特别值得称道，值得现代人学习。

那一年，已过不惑之年的陶渊明再次出任彭泽县令。到任第八十一天，督邮来检查公务，督邮刘云凶狠贪婪，向辖县索要贿赂，每次都满载而归。县吏对陶渊明说："您应当穿戴整齐、备好礼品，恭恭敬敬地去迎接督邮。"陶渊明叹道："我岂能为五斗米向乡里小儿折腰？"意思是我怎能为了县令的五斗薪俸，就低声下气去向这些小人贿赂献殷勤。说完，挂冠而去，辞职归乡。此后，他一面读书，一面躬耕陇亩。

自然可以开启人的心灵，陶冶人的情操。人久居闹市，心久系官场，实际上活得很累，那些荣华富贵、名声誉赞都是很表面的。月明风清时，人立于月下，就会突然觉得自己生活得很可笑、荒唐。整日绞尽心思与人斗，为官职而说令人不齿的话，为何要这样难为自己？此时，放下来，走出去，到自然的怀抱中沐浴春风，攀登高山，放歌旷野，你会舒服许多。

借境调心，
宁静致远

【原文】

徜徉于山林泉石之间，而尘心渐息；夷犹于诗书图画之内，而俗气潜消。故君子虽不玩物丧志，亦常借境调心。

【意译】

人如果经常漫步在山川林泉岩石之间，由于受景物的影响就能使城市的俗念逐渐消失；人如果能经常流连在诗词书画的雅境之内，就会由于气氛的影响而逐渐使庸俗的气质消失。所以有德行的君子虽然不会因沉溺于外物而消磨意志，但也要经常找机会接近大自然来调剂身心。

【解读】

徜徉于山林泉石中，红尘的心灵平复，是因为我们心在山水；读诗作画陶冶心性，世俗的心升华，是因为我们心在诗意画境。当我们沉浸在山水和画境中时，就摆脱了外物繁华，只专注于其中调养心性。所以"君子虽不玩物丧志，亦常借境调心"的言下之意就是让人们勿恋繁华，专注于内心清净。

只有内心清净，才能拥有幸福，见到任何繁华，不去蝇营狗苟；遇到任何逆境，自然舍得放下，这样才可远离烦恼，享受生活。世间一切繁华有生必有灭，有聚必有散，有合必有离，有繁荣必然有颓废，一切皆如梦幻泡影。何必过于在意呢？坦然接受吧。放松心情，陶冶心性，我们就会发现在这繁华喧嚣的无常世界，我们享有一片安静的心空。

出家人不睦繁华之心，如泥中青莲，清新入脾，令人敬佩。游历山水，欣赏美景是次要的，关键是要在这个过程中感悟天地之道。

从前山上有座寺庙，寺庙里有一个老和尚和一个小和尚，师徒在山上住了很多年。

一天，老和尚给小和尚一个碗，要他到山下端一碗水来。小和尚下山去端

菜根谭·小窗幽记·围炉夜话（精华版）

水，因为担心水洒出来，一路小心翼翼地紧盯着水上山，生怕洒出一点，可水还没端到半山腰就已经洒完了。接连几回都是这样，于是小和尚只好上山如实禀报老和尚。老和尚听小和尚将经过细说之后，告诉小和尚，你上山的时候不要只是眼盯着碗里的水，不要指望一点不要洒出来，而最终忽视了你最应关注的路。你只要用心看路，将很小一部分精力放在水上就可以了。小和尚依吩咐去做，果然成功地将大半碗水端了回来。老和尚对小和尚说："将眼睛放在碗中，就会忽视路的变化，水洒了自然是难免的，结果是什么也做不成。要做成大事就一定要眼盯着大的方向，不要理会小的波动。"

同理，人活一世不是为了追求好的物质生活、高的社会地位，而是为了这个过程，享受活着的幸福。而幸福应从内心清净中来。世界上的种种繁华虚荣，并不能使一个人得到真正的快乐和幸福，对任何一件事物过分执着，就会让生命流于形式。

如果我们执着于世间万物，就会有千种折腾、万般烦恼；如果随缘任运，就会处处自由，时时潇洒。

诗意禅味，
一叶一菩提

【原文】
　　一字不识，而有诗意者，得诗家真趣；一偈不参，而有禅味者，悟禅教玄机。

【意译】
　　一个字都不认识，而说话充满诗意的人，才体会到了诗的真正趣味；一句偈语都不明白，却富有禅机的人，可以说已领悟到禅理的奥妙。

【解读】

这个世界上并不是每个人都是诗人，也不是每个人都是禅宗大师，但是诗意、禅机并不是诗人和大师的专利，普通人也可以诗意地栖居、过有禅味的生活。因为诗意、禅机不过是让生命自在的一种心理状态、精神境界，真正的诗意禅机往往源于生活的点点滴滴。所谓"一花一世界，一叶一菩提"就是这个道理。

钱钟书在他的《论快乐》中说过这样一段话："洗一个澡，看一朵花，吃一顿饭，假使你觉得快活，并非全因为洗澡的干净，花开的好，或者菜合你的口味，主要是你心上没有挂念，轻松的灵魂可以专注地来欣赏，来审定。要是你精神不痛快，像离别的筵席，随它怎样烹调得好，吃起来只是泥土的滋味。快乐纯粹是内在的，它不是由于客体，而是由于人们的思想观念和态度而产生的。"我们的生活，是我们感觉的生活。心境不一样，生活自然也就不一样了。

俗话说："人生失意无南北"，宫殿里也会有悲恸，茅屋里同样也会有笑声。人们曾因为自己所缺少的感到苦恼，但是心态一转，又为自己所拥有的感到快乐。我们都在人世间流浪，我们都在经历着失意与苦难，相较于死亡这个共同的终点，失意与苦难又算得了什么？想开些，在生命中四处流浪，享受当下的每一分钟，流浪也就有了无所牵挂、自在生活的诗意和禅机。

有人曾经问一个哲人："人为什么活着？活着的意义又是什么呢？"哲人只说了两个字："活着"。人生说到底就是怎样活着的问题。世间的活法很多：有富足地活着、贫穷地活着，也有高贵地活着、卑微地活着，还有快乐地活着、痛苦地活着，其中的差别在外人看来取决于外物，但在自身看来，则决定于心境。富足的、高贵的、快乐的生活，是因为心境本来就是这样的。

一字不识的人心有诗意，方得诗家真趣，一偈不参的人心悟禅味，便得禅教玄机。当我们独自面对生活的时候，无论是面对失意还是面对得意，保持身心放松，也就能更加深刻地感受纯粹的快乐，享受当下毫无负担的愉悦了。

风月满怀，
为心灵寻得一方净土

【原文】

松涧边，携杖独行，立处云生破衲；竹窗下，枕书高卧，觉时月侵寒毡。

【意译】

在长满松树的山涧旁边，手拄拐杖独自散步，这时从山谷中浮起一片云雾，笼罩在自己所穿的破旧长袍上；在简陋的竹窗下读书，疲倦了就枕着书呼呼大睡，等到醒来时，清凉的月光已经照在自己的薄毛毡上。

【解读】

"仁者乐山，智者乐水"，山的沉稳、水的柔静能够为心灵寻得一片净土，把人们从浮躁与喧嚣的尘世中解脱出来。所以，伯牙子期巍巍乎高山，汤汤乎流水，识我心中山水者即为知音；庄子梦蝶，不知蝶梦我还是我梦蝶；陶渊明采菊东篱下，悠然见南山，自得其乐；李白遥望敬亭山，相看两不厌，山人相悦……

清风明月、高山绿水，于古之贤人，永远都是难以抗拒的诱惑。

林逋出生于一个儒学世家，是北宋诗人。他饱读诗书，成绩斐然，可正当人们以为他即将声名鹊起之时，他却突然没了踪迹。后来人们经过多方查找，才发现他隐居在杭州西湖狐山中，以种植梅花和养鹤为乐，林逋为了享受这份生活的馈赠，竟然一生未曾娶妻，故有"梅妻鹤子"的故事流传至今。

诗情画意的山水，是人们心灵的归宿。在物质生活不断丰富的今天，越来越多的城市居民开始厌烦都市车水马龙的喧嚣和快节奏工作的烦躁，向往诗人笔下安逸的山水田园生活。优美的自然山水，纯朴的乡村风俗，可以满足都市人回归自然的愿望。

自然中的青山绿水、茂林修竹最能养人心性，敞人襟怀，激人雅兴。唐代诗人王维对于自然的爱好和长期山林生活的经历，使他对自然美具有敏锐、独特而细致入微的感受，因而他笔下的山水景物特别富有神韵，常常是略事渲染，便表现出深长悠远的意境，耐人玩味。他的诗取景状物，极有画意，色彩映衬鲜明而优美，写景动静结合，善于细致地表现自然界的光色和音响变化。他的心也在俗世红尘中寻觅到一种超然的静谧。

古人乐山乐水的姿态也值得我们去学习。凡尘俗世最易扰人心性，于冗杂琐事中脱出身来，寻得山清水秀、天高云淡处过几日远离尘嚣的生活，对于人们来说，不仅是一种身体的放松，更是一种心灵的修养。

第 8 章

超然：
内心强大，才有完整的世界

心不静，
才会执着于寻求安静处所

【原文】

　　喜寂厌喧者，往往避人以求静，不知意在无人便成我相。心著于静便是动根，如何到得人我一视、动静两忘的境界？

【意译】

　　喜欢清静而厌恶喧嚣的人，往往逃避人群以求取安宁，却不知道远离人群只是为了自我。而一心求静的结果是一旦遇到喧嚣就会烦躁不安。人我本是一体的，只知一味强调宁静，又如何能够达到真正的安宁境界呢？

【解读】

　　正所谓"大隐于市，小隐于林"，为了寻求安静，人们往往刻意寻找一个安静的处所，但这样却不一定能得安静。《菜根谭》中提到："心着于静便是动根。"正因为我们心不静，才会执着于寻求安静处所。因此，即便我们能寻得到安静的地方，也仍然无法得到真正的"宁静"，所以说，真正的宁静，是心静。

　　"人莫鉴于流水，而鉴于止水。唯止能止众止。"为什么不能鉴于流水，因为流水不平，只有止水才能鉴人。然而，当见证出人心善恶之后，仍旧可以将自心比作流水，心潮如流水涌动，而超然于物外，此心如水，汇聚成海方显博大。

　　一位长者问他的学生："你心目中的人生美事为何？"学生列出"清单"一张：健康、才能、美丽、爱情、名誉、财富……谁料老师不以为然地说："你忽略了最重要的一项——心灵的宁静，没有它，上述种种都会给你带来可怕的痛苦！"

　　然而，现代人惯于为自己做各种周密而细致的盘算，权衡着可能有的各种收益与损失。却恰恰忽视了自己内心的声音。快节奏的生活、工作的压力容易使人心境失衡，如果患得患失，不能以宁静的心灵面对无穷无尽的诱惑，就会感到心力交瘁或迷惘躁动。

唯有宁静的心灵，才能让人与豁达康乐结缘。

宁静可以沉淀出生活中许多纷杂的浮躁，过滤出浅薄粗率的人性杂质，可以避免许多鲁莽、无聊、荒谬的事情发生。宁静是一种气质、一种修养、一种境界、一种充满内涵的悠远。安之若素，沉默从容，往往要比气急败坏、声嘶力竭更显涵养和理智。

我们很忙，行色匆匆地奔走于人潮汹涌的街头，浮躁之心油然而生，这也是我们不去倾听内心声音的一个缘由。我们找不到一个可以冷静驻足的理由和机会。现代社会在追求效率和速度的同时，使我们的优雅逐渐丧失。那种恬静如诗般的岁月对于现代人来说，已成为最大的奢侈和批判对象。内心的声音，便在这些繁忙与喧嚣中被淹没。物质的欲望在慢慢吞噬人的性灵和光彩，我们留给自己的内心空间被压榨到最小，我们狭隘到已没有"风物长宜放眼量"的胸怀和眼光。我们开始患上种种千奇百怪的心理疾病，心理咨询服务在我们的城市也悄然走俏，我们去寻医、去求诊，然后期待在内心喑哑的日子里寻求心灵的平衡。

静若止水之心境，脱俗超凡矣。安禅何必需山水，灭却心头火自凉。生活就是心灵的修炼场，凡事自然处之，遇事处之泰然，得意之时淡然，失意之时坦然，艰辛曲折必然，历尽沧桑了然，方是修身养性之道。

心神养得清，
不忙也不惧

【原文】

忙处不乱性，须闲处心神养得清；死时不动心，须生时事物看得破。

【意译】

要想在忙碌的时候心性不乱，就必须在清闲的时候培养清醒敏捷的头脑；

要想在死亡面前不感到畏惧，必须在平时就对人生悟得透彻。

【解读】

当你一个人静下来的时候，有没有问过自己，忙来忙去，最终又收获到了什么。生活有时候会忙乱不堪，让人疲于奔命。有时却又停滞不前，令人无所适从，甚至危难时，会使人产生走投无路的绝望。归根究底，这种种困惑往往源于我们头脑中的混乱，思想家梁漱溟先生称之为生命的淤塞。生命就像地下错综复杂的河道，一旦淤塞便会浑浊，让你看不清生命的真谛。生活之乱，也正是因为心被他物所遮掩，人变得惶惑不安，不知何去何从。

《菜根谭》对此解释道，要想在事务繁忙的时候保持冷静的态度而不至于本性大乱，就必须在平时修身养性，保持自己头脑的清晰敏捷；要想在生命走向终结的时候能够从容镇静，就必须在平时对生死有透彻的领悟。

忙与不忙，惧与不惧，事实上都是我们内心的状态，当我们能把太在乎的事物放下，用一种坦然自然的心态去做人做事，那么再忙也只是身忙，心不忙；面对生死也能镇定自若。

她即将被单位指派远赴国外深造三年，虽然是千载难逢的机会，可她真的舍不得年幼的儿子和温馨的家。即将成行的那几天，她经常掉眼泪，有的时候，烧着儿子爱吃的菜，她的眼泪就止不住地掉下来。

她刚刚几岁的孩子非常纳闷，就问她："妈妈，你为什么要哭啊？"她说："妈妈要离开很长时间，你难道不会想妈妈吗？"儿子说："想啊。"听完，她更止不住地放声大哭。儿子接着又说："可是，我一想到你回来的时候，会给我买好多玩具，好多好吃的东西，我又觉得很快乐了。"她突然止住了眼泪。孩子说的是对的，虽然，离别代表着思念，可暂时的离别也会带来重逢后的喜悦啊。

人生不要在意离别，才会无惧离别，不忌讳生死，才能看破生死。这个世界，总是处在一种既矛盾又统一的状态中，有得必有失，有福必有祸，有生必有死，既然是这样，很多东西我们是无法创造和左右的。彻悟生活，看破生死。不是学曹孟德"譬如朝露，去日苦多"的叹息，也不是拾苏东坡"人生如梦"的无奈，更不是看破红尘的消极颓唐。而是想，人生苦短，生命易逝，今天能健康、自在、安乐地活着，我们就没有什么理由不去珍重生命、热爱生活，过好生命中的每一天。今天就是生命——是唯一你能确知的生命，少了忧虑，恰好也落得潇洒与清净。

也许我们放弃了舟马，但却收获了滋润的心灵。在人生路上慢慢地行走着，有一颗探求的心灵，携一份悠闲淡泊的神思，看一看人间百态，品一品世间甜苦，闻一闻鸟鸣虫嘶，嗅一嗅芳草鲜花，不做高深的评论，"忙不乱性，死不动心"，只须用心去感触、领悟，你就会发现生活是如此五彩缤纷。

了心悟性，
翠竹黄花皆有境界

【原文】

缠脱只在自心，心了则屠肆糟廛，居然净土。不然，纵一琴一鹤，一花一卉，嗜好虽清，魔障终在。语云："能休尘境为真境，未了僧家是俗家。"信夫！

【意译】

想解脱世俗的纠缠，关键是看自己的内心，如果内心能够了悟，那么屠宰场和酒肆也会变成极乐净土。否则，纵使和琴鹤为伍，花草为伴，爱好虽然高雅，但被羁绊的魔障终究还在。俗话说："能够摆脱尘世才能进入真正的境界，没能了却尘缘的僧人和俗家人没有两样。"这句话千真万确。

【解读】

内心了悟，则屠户酒肆也会变成极乐净土，而一个内心不能悟道的僧人，也与尘世凡人没有两样。自然天地之间，有无处不在的禅机妙意。一粒沙尘中包含一方世界，一朵野花中蕴藏一个天堂。生命中缺少的不是风景，而是一双发现美丽风景的眼睛。道理是如此平常，关键是我们有没有像孩童一般的单纯心灵来体悟。真谛本就是为朴素的内心敞开的。

87

在唐朝时，有一位好结交名士的隐士，名叫汪伦。他对大诗人李白仰慕已久，总想有机会见一面。当汪伦得知李白来安徽游历的消息后，高兴地投书相邀。他知道李白酷爱饮酒览胜，便在信中诡称："先生好游乎？此地千里桃花。先生好饮乎？此地有万家酒店。"于是，李白欣然前来游览桃花潭。李白来到桃花潭后，举目仰望，满目荒凉。当他见到汪伦后，禁不住问道："怎么不见'千里桃花，万家酒店'？"汪伦笑着回答说："你来时经过的山叫千里边山，这里的潭水名'桃花潭'，不正是'千里桃花'吗？桃花潭边有一家酒店，主人姓万，不就是'万家酒店'吗？"

真谛在相信者赞为确知正见，在不信者斥为歪理邪说，这一正一反的针锋相对，就在信与不信之间。不信者与真谛是彼此隔绝的。此中正道出生活处处都有真理，而真理往往遭忽视，容易被遗忘。现反其言曰：相信者的信是真谛，不信者的疑是俗谛。

真理往往为开放的心灵打开。人只有用自己的心去感悟，用自己的眼睛细细地观察，才能有真正的体悟。

翠竹黄花皆有境界，一个无心的人视而不见，只能看到平淡无奇的一切，而一个有心人却能够空出心来，在平淡中窥见奇趣，从中汲取深刻的智慧。天大地大，气象万千，我们应多观察世间万物，多留意身边的翠竹黄花，多体悟一切风云变幻。只要有心，你就有可能从中体悟到妙不可言的韵味。

人生如梦，
去似朝云无觅处

【原文】

优人傅粉调朱，效妍丑于毫端，俄而歌残场罢，妍丑何存？弈者争先竞后，较雌雄于著子，俄而局尽子收，雌雄安在？

【意译】

伶人在脸上涂胭脂抹口红，把一切美丑都决定在化妆笔的笔尖上，转眼之间歌舞完毕，曲终人散，那些美丽和丑陋哪里还会存在？下棋的在棋盘上激烈竞争，把一切胜负都决定在棋子上，转眼之间棋局完了，子收人散，刚才的胜负又在哪里呢？

【解读】

人生亦如戏台、棋局，短暂如朝露，结束时不留痕迹，恰如做了一场大梦。在这梦中有悲喜沉浮，常令人哭时醒来醒时哭。许多人无法看清梦的真相，于是争妍斗盛，不能自拔。

因为看不透，所以便觉浮生苦，却不知浮生是场梦，醒时做白日梦，睡时做黑夜梦，现象不同，本质一样，夜里的梦是白天梦里的梦，如此而已。什么时候才真正不做梦呢？所以世人必须看透，有大彻大悟大清醒，然后才能看清浮生的虚幻。

一代名臣寇准，世人对他的赞誉颇多，他刚直而敢于言事，不趋炎附势，不轻视贫民，虽喜消费，却不收受贿赂。然而人们对于他在生活中的另一面，却褒贬不一。寇准在闲暇之时，喜爱歌舞，饮酒娱乐。曾经在他生日的时候，他居然早早就广发请柬，邀遍挚友亲朋。生日当天，他着彩衣，头插鲜花，骑着高头大马在院子当中嬉戏。那个时候的寇准已经官至宰相，他的这种做法，自然为旁人所侧目。寇准喜爱当时流行的一种舞蹈——拓枝舞，不仅让家人纷纷效仿，他自己也"且歌且舞自开怀"，当时被同僚们取笑为"拓枝颠"。他的家人无数次地提醒他，这样高调地花钱玩乐，会引起他人议论，寇准云淡风轻地表示：人生短短，花自己的钱，享自己的乐，其他的皆可忽略不计。不得不说，寇准的做法说明他已经超然物外，深谙人生得意须尽欢的道理。也可以说，作为一代名相，他早已看透了生命的意义。

世人忙忙碌碌一辈子，做着轰轰烈烈的事情，过着风风火火的日子，其实大都如被放养的牛一样，由牧童牵着鼻子走。本来天地间无主宰，人不会被任何事物牵着，可人心却被自我和环境限制，自己不做自己生命的掌控者，这就是冥顽不灵。

浮生虽如梦，但做什么，怎么做，都可以由人自己选择。如何活得更好，活得更加有意义，且看人是否能宽心，从容应对世间百态。这是佛家提醒我们要思考的问题。

在有限的生命中体悟到"无生"的道理，认识到"动静一如"、"生死一体"、"有无一般"、"来去一致"的人生真谛，放宽胸怀，空出心智，合于自然，从而超越智勇奇巧，超越悲喜荣辱，超越沉浮生灭，超越时间"去"、"来"的限制。

不畏死生，
花开自有花落

【原文】

试思未生之前有何象貌，又思既死之后有何景色，则万念灰冷，一性寂然，自可超物外而游象先。

【意译】

试着想一下，人在没有出生之前哪里有什么形体相貌呢？再想想，人死了之后又是一番什么景象呢？人既然无法测知生前的往事，预卜死后的未来，生命又那么短促，一想到这些不免万念俱灰。不过精神是永恒的，只要能保持纯真的本性，自然能超越于物外遨游于天地之间。

【解读】

这里所讲的"万念灰冷"并不是指人失去信心与希望，而是指人因看透生死而超然物外。

国学大师南怀瑾先生借古人的一句话点透了生死："生者寄也，死者归也。"活着是寄宿，死了是回家。上古得道的人没有觉得活很痛快，也没有认为死很痛苦，生死已不存在于心中。

一休禅师自幼就很聪明。他的老师有一只非常宝贵的茶杯，是件稀世之宝。一天，他无意中将它打破了，内心感到非常愧疚。但就在这时候，他听到了老师的脚步声，连忙把打破的茶杯藏在背后。当他的老师走到他面前时，他忽然开口问道："人为什么一定要死呢？"

"这是自然之事。"他的老师答道，"世间的一切，有生就有死。"这时，一休拿出打破的茶杯接着说道："你的茶杯死期到了！"说完一休将茶杯碎片交出，转身而去……

生与死是人生旅途中的转折，生死齐一，齐一生死，有着看透生死的勇气，就等于把人生中的生死问题彻底解决了。"善吾生者，乃所以善吾死也。"一个人只有真正认清了生命的意义和方向，才能不畏惧死亡、好好地活着，将生命演绎得无比精彩。生命于一呼一吸之间，如流水般消逝，永远不复回。只要活得明心见性，随缘任运，不管是长寿，还是短命，都不虚度此生。

人来到世上是偶然的，走向死亡却是必然的。自然给了我们了不起的生命，就是让我们学会面对生命中的一切，包括生与死的重大问题。如果不给我们生命，连死的机会都没有。这，就是看透生死的勇气。面对生死，悠然自得，便是真正懂得了生命。

在这个世界上，每一个人最后都不可避免地走向生命的尽头，有的人走得快，有的人走得慢。有时，走得快的人，看透了生死，反而活出了精彩的人生；而走得慢的人，总是想着自己还有足够的时间去实现人生目标，一拖再拖，直到最后仍然没有完成，碌碌无为地度过了自己平庸的一生。这不能不说是生命的一种悲哀。

人，倘若能时常想起死亡，想到每天都有那么多人死去，而自己能健康地活着，一定会感受到生命的可贵和生活的可爱，再难处理的事也会变得轻松，也会自然而然豁达、超脱起来。人只有看透生死，才能真正冷静理智、大彻大悟、超越自我。

心胸豁达，
自有清风明月

【原文】

机息时，便有月到风来，不必苦海人世；心远处，自无车尘马迹，何须痼疾丘山。

【意译】

当心中停止一切阴谋诡计之后，就会有明月清风到来，从此不再为人世间的烦恼而痛苦；当思想远远超脱世俗之后，自然不会听到外面的车马喧嚣之声，根本不必眷念山野林泉的隐居生活。

【解读】

"心达处，自无车尘马迹"，俨然一派陶渊明"心远地自偏"的安然豁达。心灵之安者，其心当恬淡如水，为人处世间进退裕如，其人生也自有一番怡然之境。怡然之境，亦如中国行书的收放——放则凸显草书风骨，收则尽显楷书风范——可纵情狂放，也可内敛端正，面对世间万事万物，收放自如，怡然自得地享受着生活。

该狂时狂，该敛时敛，从容以对天下，进可入世，融入俗世红尘却不觉烦恼牵绊，退可出世，不问红尘俗世，精修其心，乐得逍遥自在。名、利、权、势，都是身外之物、过眼云烟，得意淡然，失意泰然。

南非第一位黑人总统曼德拉，曾经因为自己反对种族歧视的主张而被捕入狱27年。当他出狱并赢得总统一职后，还是有歧视黑人的事件发生，并且明目张胆地将矛头指向曼德拉本人的黑人身份。

2000年，在南非政府总部大楼的一间办公室里，当工作人员开启电脑时，出现的开机画面让人们惊呆了：曼德拉总统的头像竟逐渐变成了一只黑猩猩！整个政府部门和南非的黑人民众都为之愤怒，社会掀起一股不平静的反对歧视思潮。

当曼德拉听闻了自己的"黑猩猩形象"之后，他没有像同事们那样愤怒，而是非常平静地说："我的尊严并不会因此受到损害。"几天后，在参加南非地方选举投票时，当投票站的工作人员例行公事地对照他身份证上的照片与其本人时，曼德拉慈祥地一笑："你看我像大猩猩吗？"逗得在场的人开怀大笑。之后，在一所农村学校的竣工典礼上，曼德拉幽默地对孩子们说："黑猩猩看到你们有这样的好学校，也会十分高兴呢。"话音刚落，数百名孩子都幸福地笑了。

面对别人的恶意嘲讽，曼德拉只是坦然一笑，他不仅没有丧失尊严，还赢得了人们的称赞和敬重。那些生活在歧视当中的黑人，也从他身上看到了前途的光明。试想，如果曼德拉因为这针对自己的侮辱而大搞政治运动，整个国家又将如何发展呢？

"随遇"者，顺随境遇也。"安"者，一可理解为听天由命，安于现状；二可理解为心灵不为不如意之境遇所扰。无论于何种处境，均能保持一种平和安然的心态，并继续坚持自己的追求。前者之"安"，或许可以称为"消极处世"，而后者之"安"，则需要一种良好的心理调节能力，甚至需要一种超脱、豁达的胸襟，不是人人都能做到的。

古人云："古之真人，其寝不梦，其觉无忧，其食不甘，其息深深。"真人者，有心灵之安，不仅可以使人"其寝不梦，其觉无忧"，而且可以使人乐观处世，永葆青春。

世事无常，拥有平常心

【原文】

以我转物者，得固不喜，失亦不忧，大地尽属逍遥；以物役我者，逆固生憎，顺亦生爱，一毫便生缠缚。

【意译】

由我来把握和主宰事物，那么得到也不会欣喜，失去也没有忧愁，这样感觉到整个人生都逍遥自在；若让事物来控制奴役我，那么不顺利时就会恼恨，顺利时又会喜欢，一点微小的事就能把自己束缚住。

【解读】

得失之间，无喜无忧，因心不为外物所役。而心不为外物所役的根源，则在于一颗平常心。世事无常，如果我们有颗平常心，世间的一切，有也好，无也罢，都看作镜花水月。有，固然可以生活无忧；无，也可以心灵自在，深入体会无垠、无边、无量。

有人在书中写道："你如果以挑剔的心态、灰色的心态去看待人生，你就觉得人生真是千疮百孔，一无是处；如果你以平常的心态、超然的心态去看待，你就觉得一切苦难和幸福都很正常；如果以审美的心态、艺术的眼光去看待，你就觉得所有经历都是一笔财富，人生就是一场大戏：丰富、完美而滋润。"如此看来，我们人生中快乐的主动权、命运的掌控权，完全把握在自己手中。只要不把得失看得过重，不要总是把这些不快乐挂在心上，生活中就会充满快乐。

古时候因为没有路灯，人们夜间前行大多提一盏灯笼。一个漆黑的夜晚，一个远行寻佛的苦行僧转过一条巷子时，看见有一团晕黄的光正从巷子的深处静静地亮过来。身旁的一位村民说："孙瞎子过来了。"瞎子？苦行僧百思不得其解。僧人忍不住上前问道："很抱歉地问一声，施主真是一位盲者吗"那挑灯笼的盲人回答说："是的，从踏进这个世界，我就一直双眼混沌。"僧人问："既然你什么也看不见，那你为何挑一盏灯呢？"盲者缓缓问僧人："你是否因为夜色漆黑而被其他行人碰撞过？"僧人说："是啊，这是经常会遇到的事情，就在刚才，还被两个人不留心碰撞过。"盲人听了，深沉地说："但我就没有。虽说我是盲人，我什么也看不见，但我挑了这盏灯笼，既为别人照亮了路，也更让别人看清了我，这样，他们就不会因为看不见而撞到我了。"

人生的得到与失去，相辅相成，也正是因为这样我们的生活才会更富有、更丰富多彩。现代社会里，人们应该用自己的双手，去增加人生的价值和内涵，使人生的物质世界和精神世界都更加富有和充实。面对失意的时候，自己对自己应给予鼓励。只有乐观的心态才会带来新的希望。

其实，人要有所得，必然会有所失，只有当我们看淡得失，愿意舍弃一些东西的时候，我们才会得到更多。的确，是得是失，关键看人们如何把握自己的内心，把握自己的人生。如果能够淡看得失，不要过于挂心，那么，我们就会发现，人生会更有意义，我们的品格也会更有厚度，快乐也会更加丰满。

放下功名，
无心插柳柳成荫

【原文】

放得功名富贵之心下，便可脱凡；放得道德仁义之心下，才可入圣。

【意译】

如果能够抛弃追逐功名富贵之心，就可以超越庸俗的尘世；能够摆脱仁义道德等教条的束缚，才能进入圣贤超凡绝俗的境界。

【解读】

超凡入圣在智者看来很简单：放得下功名富贵，也不汲汲于道德仁义，就可以达到。归结到一点就是对于自己所追求的不刻意，就会收到无心插柳柳成荫的意外惊喜。《红楼梦》中，跛足道人唱道："世人都晓神仙好，唯有功名忘不了！古今将相在何方？荒冢一堆草没了。世人都晓神仙好，只有金银忘不了！终朝只恨聚无多，及到多时眼闭了。"换句话说就是：只有"了"了，才能"好"，关键在于"了"字。生活中很多事，只有放下了背负，才能空出手来抓取属于我们的财富。

他是一个心思细腻的男子，喜欢安居乐业的日子，每日赏花弄草，便是他最快乐的辰光，可偏偏，造化弄人，一路之上，反而平步青云，他没有做任何

95

的争取，却在仕途上有了不错的成绩。有太多人羡慕他，自然也就有了许多风言风语传入他的耳朵。说他一定是有后台，否则怎么会升迁得这么迅速，再有就是说他，一定是极尽阿谀奉承，别看他平日不言不语，但是心中一定壮志凌云呢。他本来就是个寡言之人，所有的这些闲话，统统听到了心里，每日闷闷不乐，久而久之，因为情绪压抑所致，他一身病痛，竟然成了医院的常客。他的妻子是了解他的，逗他说："没看谁当官当得这么痛苦，每日愁眉不展。"后来，他因为心中郁气难解，患了严重的肝病，医生说他要长期静养。他第一件事就是辞去官职，自然又有人说："看看，官升身子弱。"而这些话，自然再也没有人耐心来和他讲了。每日里，他哼着小曲，浇着花草，觉得没有什么比现在更让他觉得快乐的了。而当他再去医院复查的时候，不但肝病痊愈，就连平日里一些小病痛，也随着他心情的放松，而全部不药而愈。

　　生活中，也是这样的。世间的一切喜乐与悲愁，一切成功与失败、收获与失去，往往都由人们过分执着导致。工作要一步一个脚印地走，欲速则不达；生活中要澄澈心境，执念太多，往往与幸福擦肩而过。我们同在人生的单行道上，尝试着放下心中的急切和过高的期望，就会舍得外物，审慎对待各种选择，就能在更为广阔的天空下，去迎接永恒的幸福。

《小窗幽记》

第 9 章

心安：
来了就来了，过了就过了

这世间多烦忧，
当超脱且温柔

【意译】

在最易令人迷惑的地方识破迷惑，那么无处不是清醒的状态。将最难以放下心怀的事放下，那么到处都是宽广的路。

【解读】

人生最大的烦恼莫过于凡事迷惑，看不通透，所以才会斤斤计较，难得心安。生命中有太多事情会带给我们烦忧，智者之所以担当得起智者之名，是因为他不会任自己迷失在烦忧里。而愚者却会任凭自己深陷在琐事中烦恼困惑，乃至崩溃，做出一些损人不利己的决断，甚至因此而造成无法挽回的后果。倘若能够识破种种烦恼的虚假，达到超脱的境界，就不会再沉浸其中痛苦而迷茫，可惜人们往往参不透这个简单的道理。

只要生存在世间，就难免会遇到烦心之事，例如有人不小心剐花了我们新买的爱车，拥挤不堪的公交车上有人猛踩到我们的脚。有时，即使别人一再道歉也还是会破坏我们本来愉悦的心情，本该快乐充实的一天就因小事破坏掉了，于是，接下来我们的坏心情仿佛碰撞到了多米诺骨牌，接二连三，似乎事事都不顺心。如果我们放不下自己心中的块垒，哪怕它非常微小，可以忽略不计，我们终究还是会陷入痛苦的误区。但是，只要你稍微一转念，就会茅塞顿开。

一次，当玛莎做完弥撒，和特蕾莎院长谈到人世间诸多的困难挫折时，特蕾莎院长对玛莎说："其实，世上的艰难困苦又何尝不是俯拾皆是，但如果我们视其为上天恩赐的礼物，那么人们便会减少几许悲观，平添些许快乐……"

不久以后，玛莎和特蕾莎院长乘飞机去纽约。飞机起飞前检测出故障，被迫停飞。当时，玛莎感到非常失望和沮丧，但想起了特蕾莎院长曾说过的话，便对院长说道："院长，我们今天收到了一份'小礼物'——我们要待在这儿4个小时，您不能按原计划赶回修道院了。"特蕾莎修女听完玛莎的话，微笑着看了看玛莎，然后便安然地坐下来，拿出一本书，静静地读了起来。从那以后，每当玛莎在生活中遇到磨难与挫折时，便会用这样的话语来表达——"今天我们又收到了一份礼物""嘿，这可真是个特殊的礼物"……而这些话竟然有着神奇的效果，往往就在不经意间，困惑难释的心境变得开朗，莫名的烦恼也消失不见，连微笑也会在说话间悄悄爬上人们的脸颊……

特蕾莎修女正是因为有着超脱且温柔的心性，才会将生活中的小麻烦，当作一份礼物来对待，因此保持一种平和的心境。

对待烦忧其实就需要一种积极的生活态度。美国犹太教哲学家赫舍尔说："世界是这样的，面对着它，人意识到自己受惠于人，而不是主人身份；世界是这样的，你在感知到世界的存在时，必须作出回答，同时也必须承担责任。"

在多元化、快节奏、剧烈变化的生命中，当我们面临越来越多的不快和磨难时，充斥我们内心的往往是抱怨、不满、牢骚，仿佛满世界的人都在与我们为敌。殊不知，一旦存在这种想法，我们已经在不经意间丢掉了那份解开烦忧后的愉悦和充实。如果我们能看清烦忧的本质，学会对事事超脱温柔以待，那么长此以往，我们会发现生活中似乎已经没有什么值得我们不开心的事情，再也没有什么可以干扰到我们表里澄澈的心灵。

以冷观热，
从冗入闲

【原文】

从冷视热，然后知热处之奔驰无益；从冗入闲，然后觉闲中之滋味最长。

【意译】

从冷静的地方去审视名利场，才知道名利场的追逐是徒劳无益的；在繁忙的时候去看看清闲的状态，才懂得清闲才是自己真心想要的生活。

【解读】

当一个人被某种心心念念的情绪所主宰，为了达成目的而昼夜东奔西走，这种时候，不要说心安，就连内心平静都做不到，而一旦内心急躁，那么自然也就分不清利害关系，对旁人的劝告也就置若罔闻，往往会做出有损自身的事情。直到遭受了意外打击，或者失败，才顿觉心灰意冷悔不当初。

古时候，一座香火鼎盛的寺庙里有两位禅师，二人原本是师兄弟。寺里的住持已经年老，必然会从两个禅师中挑选出一位来继承衣钵。听到这个消息，其中的一位禅师看似有些心急。因为他觉得，论学识和资历，两个人不分伯仲，如何才能使自己超越师兄，得到住持的垂青呢？

于是师弟开始为争住持之位忙碌起来，他四处奔走，找到住持的好友，向其阐述自己的能力与学识，请求对方替自己说话，又拉拢寺庙中的小和尚，为自己博取好人缘。就在他忙碌之际，师兄身边的人却有些看不下去了，他们问师兄："为什么你不去努力争取呢，万一这个唾手可得的机会被别人争去了，你岂不是会觉得很委屈？"师兄淡然一笑："该得到的一定会得到，与其费那么多的时间与精力去争取，不如安安心心把自己的事情做好。"这些人不解，继续问："你难道就不会觉得不公平、生气？"师兄平和地笑笑："假如结局已经既成事实，生气、不平难道会改变什么吗？"众人摇头，于是顿悟。

最终住持将他的位置传给了师兄，住持说得很多，作为一个得道高僧，需要的是悟解生活中各种道理的精髓，师弟连这些都不懂，又怎么能做一个合格的住持呢？

当我们工作繁忙、疲累不堪的时候，偶尔得到放松的机会，就会突然感觉到闲散的趣味是那样悠然自得，长久而安静。事事往往如此，只有在经历了激流勇进、纷繁杂沓之后，才会警醒，生活的真谛无非就是闲云野鹤般地求一份心安。

在如今竞争激烈的商业社会中，人们更应该"从冷视热"，"身处事中，心在局外"，始终保持清醒的头脑，冷静处理事态发展过程中的各种问题和各方关系。无论遇到何人何事，具有"来了就来了，过了就过了"的超然心态，会更有利于避害逃祸，真正成为"从冷视热，从冗入闲"的旷达之士。

透彻名利关，
透彻生死关

【原文】

透得名利关，方是小休歇；透得生死关，方是大休歇。

【意译】

看得透名利这一关，才是小休息；看得透生死的界限，才是大休息。

【解读】

古今多少豪杰志士，都在名利二字上消磨尽了英雄豪气。而作为芸芸众生，又何尝不是如此？升斗小民看不破"利"字，正如英雄豪杰放不下"名"字一般。因此，营营逐逐，竞志斗才，却不知名利自己到底可保留多久？要来又有何用？

从前，有一个爱幻想的年轻人。有一天，他听说名利是一个年轻漂亮的姑娘，谁能找到她谁就是天下最幸福的人，所以他在心里迷上了名利。他发誓，即使花上一生的时间，也要找到她。

他首先到那些充满智慧和哲理的书籍中去找名利。结果他发现这些哲理书对名利始终持批评否定的态度，而且一直排斥她——名利不在书籍里。

他又到宗教里去找名利。但是宗教宣称，许多幸福，也包括名利在内，都是一个人在死后才能得到的，而活着的时候是应该舍弃的。这也不是他想要的结果。

他又向大千世界去寻找。他每到一个地方，就问："你们知道名利吗？她在这里吗？"每次人们都回答他："名利？是的，她来过这里。不过那是很久以前的事情了。她后来又走了，没有人知道她去了哪里。"就这样他用了许多年，找了许多地方，可是每次都得到同样的答复。

于是他转向大自然。他问树、高山、森林和海洋，还有小鸟、鱼、走兽和昆虫："你们知道名利吗？她在这里吗？"然而回答依然令他失望："名利？

101

是的，她来过这里。不过那是很久以前的事情了。她后来又走了。"

许多年过去了，这个年轻人慢慢老去，但他还在寻找名利。最后，他来到世界的尽头，那儿有一个黑暗幽深的山洞。老人进了山洞。等到眼睛适应了黑暗之后，他发现山洞里有一个又老又丑的妇人。一个声音告诉他，眼前的这个妇人就是名利。

虽然非常失望，但他还是凑到她的跟前问她："我一直在到处找你，开始时我还是个年轻人，现在我已经完全老了。许多人都像我一样盼望着你，对你翘首以待。为什么你总是躲着我们，躲着这些热切追求你的人呢？求求你了，走出这个山洞，和我一起回到世界上去吧。"名利没有回答他。

老人花了许多天来劝说名利，可名利像哑了一样，始终不搭理他。当老人明白名利从未离开过她隐身的这个山洞之后，他说："那算了，由你去吧。既然你不肯跟我一起走，那我就一个人回去了。但在走之前，我有一个要求：你得给我一个口信，我把它转达给世上的人，好证明我确实找到过你。"

这时，名利，这个又老又丑的妇人，抬起头来，盯着老人的眼睛，一字一顿地说："告诉他们，我年轻而且漂亮。"

原来，名利的真实面目是虚伪和丑陋。

很多人为了名利，一生中和他人争夺厮杀，斗得你死我活，可最终发现，名利只是过眼云烟，生不带来，死不带去，于是在临死前大彻大悟，放弃了那些让他们始终无法释怀的东西，获得临死前的心灵安宁。

名加于身，满足的是什么？利入于囊，受用的又有多少？名如好听之歌，听过便无；利如昨日之食，今日不见，而求取时，殚精竭虑，不得喘息。快乐并不在名利二字，以名利所得的快乐求之甚苦，却短暂易失。所以，智者看透了这一点，宁愿求取心灵的自由祥和，而不愿成为名利的奴隶。

生死关头，没有人不心怀恐惧，但是，仔细思量，未生之前何曾恐惧？死后与生前又有何不同？佛家论生死，在于心的生灭，心中如果无生灭，自然便无生死可言。"看得透生死关"，实在是指"放得下生灭心"，若能对万念都以一个不灭的心去相应，那便是永恒的休歇了。

澹泊之守，
镇定之操

【原文】

　　澹泊之守，须从浓艳场中试来；镇定之操，还向纷纭境上过。

【意译】

　　淡泊清静的操守，必须在声色富贵的场合中才试得出来。镇静安定的志节，要在纷纷扰扰的闹境中考验过，才是真功夫。

【解读】

　　莲花被人视为纯洁的象征，是因为它出污泥而不染。一个人的澹泊心安，亦是如此，真正的恬淡不是未经历过世事的空白，而是经历任何令人迷惑的境遇都能不着于心。有的人在贫穷中守得住，在富贵中却守不住，有的人在富贵中守得住，在贫穷中却守不住。能够澹泊，就是不贪浓艳之境，而这澹泊之心，有的是从修养中得来，也有的是天性如此。

　　曾经，在一个轰动全国的选秀节目上，一位英俊的男士唱了那首充满霸气的《从头再来》，这位男士的气质和风度让所有看客都对他的职业产生了各种猜想，有人说他是大老板，有人说他是富豪，甚至有人说他是艺术家。结果，谜底揭开，那男士淡淡地说："我只是街边卖包子的"。男士的不卑不亢让人能感觉出他是有故事的人。果然，经过评委的一再追问，他坦言自己从前是个身价千万的富翁，由于企业经营不善，他变得一无所有。当所有人都在感叹他如今的式微之际，他开口了，说："我觉得现在的我和当初的我没有任何分别，身份都是老板，也同样是在赚钱，只不过，以前赚的多些，现在少一些，仅此而已。"掌声如雷。用世俗的眼光来看，他输了，败给了金钱。用理智的心态来看，他赢了，他用他的澹泊与安然的心态战胜了生活，让原本风大浪急的过往成为了一段"来了就来了，过了就过了"的如烟小事。

　　如《小窗幽记》中所说，"定"是不动摇的意思。世间的五光十色、惊声软语，足以诱动心志的事物实在太多，而身处尘世能不动摇的又有几人？大多数人在名利中动摇，在身心的利害中动摇。动摇的人是受环境的牵动，环境要他向东，他便不能向西。不动摇的人是不为环境所动的，反之，环境将以他为轴心而转动。在紊乱的环境中能保持安定的心境，才能掌握自己的方向。

当年道家的吕纯阳也是拥有这种出尘特质的人，为此还有一则小故事流传至今。那时，吕纯阳去找钟离学习炼丹之法，钟离告知这丹法能点铁成金，可以济世。吕纯阳问道："以后还会还原成铁吗？"钟离说："五百年后，当恢复本质。"吕纯阳说："那这就害了五百年以后的人了。我不愿学这样的法术。"钟离当时告诫他说："你只管你自己的修行，以后的事情你已经不在，还计较它做什么？"吕纯阳则义正词严地说："如果一个人的内心不能有自己的原则与操守，那么，就算学成了这样的法术，以后的日日夜夜该如何安枕？"钟离心中暗喜，说："修仙要积三千功行，你这一句话，三千的功行已经完成了。"

这世上有许多和吕纯阳一样的人，他们敢勇于直面自己的内心。只要内心能固守住本真的那一份淡然，那么，财富或穷困都不会干扰到他们的心性。

"行到水穷处，坐看云起时"，王维的这句诗，其实蕴含了《小窗幽记》中所描述的一种大境界。人如果不具备澹泊之守、镇定之操，那么就算谋得所有，也永远都不会心安。

田园山水不刻意，
才是当世一自然

菜根谭·小窗幽记·围炉夜话（精华版）

【原文】

自古及今，山之胜多妙于天成，每坏于人造。

【意译】

从古到今，山川的胜景和美妙之处多在于天然形成，而这种自然的美丽每次遭到破坏，往往都是人为原因造成的。

【解读】

大自然有自己的生命，作为人类没有任何权利去破坏它。山林的美好，不仅在于其生命的自然，同时也在于其远离人类的种种恶习气，以一种纯天然的姿态在桀骜地生长。然而，我们看看，现在周遭还有几座杳无人迹、清新秀美没有经过人工雕琢的山？还有几条无人垂钓而波光粼粼的河？人们把飞鸟赶出山林，关入园中，把游鱼驱出溪水，或用来观赏，或为满足口腹之欲，如此一来，再次出现在人们眼中的山已经不再是山，水也少了曾经的曼妙姿态，而鸟儿因缺失了自由不再纵情欢唱，鱼儿更是因为离开了清溪而缺少了存活的必要条件。

当然，也有一些人的内心懂得自然是美的，明白简简单单才是《小窗幽记》中所记载的心安。有人为了还自然一个纯粹，付出了良多。

出生于黑龙江省齐齐哈尔市一个满族渔民家庭的徐秀娟，从小就受到了良好的家庭教育，内心平和而善良。刚刚年满17岁的她跟随父亲徐铁林来到扎龙自然保护区养鹤。在这里，丹顶鹤成为了她的朋友，也是她的良伴。她和丹顶鹤一同玩耍，一起嬉戏。

当徐秀娟完成了在东北林业大学野生动物系两年的学业后，离开家乡，来到了江苏盐城滩涂珍禽自然保护区工作。这里是丹顶鹤的主要越冬地，有大片的滩涂沼泽地，长满了芦苇、盐蒿，一条自北向南的复堆河天然地把沼泽地和村庄隔开，人迹罕至，是十分理想的丹顶鹤栖息地。当时有很多非常好的工作对这个小姑娘抛出了橄榄枝，可她一直认为，城市中的灯红酒绿远不及与丹顶鹤为伴的日子，过得心安，生活得舒服。

徐秀娟在盐城工作了一年零四个月之后的一天，两只玩得兴起的天鹅挣脱绳子飞走了，她为了寻找两只天鹅，不眠不休，她怕天鹅害怕夜晚，会孤单。可谁都没想到的是，寻找天鹅的她却再也没有回来。复堆河吞噬了她23岁的生命。也许，她活着的时候不止一次地和这些动物们喃喃细语，答应会一直陪着它们，她真的做到了，她把一生都交付给了她热爱并为之呕心沥血的养鹤事业。

有好多人都感叹，这孩子走得如此不值，其实，不忘初心的她内心一定知道自己的价值。

其实，我们每个人从呱呱坠地之日起，都有着天真而纯良的内心，只是随着年龄的增长，阅历的加深，我们的内心不再纯粹，而开始刻意地保护自己，甚至是伪装自己，开始隐藏自己内心真实的想法，想要在众人面前呈现出一个优秀、完美的形象。实际上，当我们处心积虑地来包装和粉饰自己的时候，就已经在逐步地迷失本性，失去了自己最初、最真实的内心。

《小窗幽记》中曾以景致暗示做人的原则，那就是"自古及今，山之胜多妙于天成。"真正美好的山水，皆是自然的、浑然天成的。做人也该如此，有一些自认为无比聪慧之人，在任何事情上都喜欢玩弄权术或者使用计谋，费尽心力，却往往机关算尽，耽误了自己的前程，反而是那些看似愚钝、做事不知转圜、脚踏实地的人，最后取得成功。

《小窗幽记》用简短的句子概括了做人的真谛，认为我们每个人面对的世间最大的苦楚莫过于"难得心安"，想不开，放不下，太在乎得失，太计较自己在他人眼中的形象，结果只能给心灵带来无谓的煎熬。

从今日起，学会做一处自然的山野，随风生长，享受细雨甘霖，不让经历过的一切成为阴影，蒙蔽住我们的内心，做一个内心有着"息阴无恶木，饮水必清源"原则的高洁之人。不忘初心，还原那个从前明媚的自己，来迎接生活带来的挑战。

过去成尘，
不如惜取眼前欢

【原文】

昨日之非不可留，留之则根烬复萌，而尘情终累乎理趣；今日之是不可执，执之则渣滓未化，而理趣反转为欲根。

【意译】

过去犯下的错误不可再留下一点，否则，会使已改的错误行为再度萌生，这就是因俗情而使理想趣味受到连累。今日认为正确而喜爱的生活、事物，不可太执着，太执着就是尚未得到理趣的精髓，反而使得理趣转变成欲望的根苗。

【解读】

我们生活在现在，面向着未来，过去的一切，都被时间之水冲得一去不复返。我们没有必要念念不忘曾经的那些不愉快。念念不忘，只能被记忆腐蚀，而变得充满怨恨，甚至导致精神崩溃。

文学大师鲁迅笔下的祥林嫂，在心爱的儿子被狼叼走后，痛苦得心如刀剜，她喋喋不休地向人诉说自己的不幸。开始，乡亲们很同情她，甚至陪着落泪，随着时间的推移，大家不再爱听她的故事，周围的人们开始厌烦她，她自己也更加痛苦，认为大家都不了解自己，都在看自己的笑话。总是向别人反复讲述自己的痛苦，就会一遍一遍地加深对痛苦的记忆，让自己一次又一次地经历痛苦，让心无法痊愈。

总是重复自己的痛苦，就会让别人觉得你有自虐倾向，从而不但不给予同情，还觉得你是在自寻烦恼，或者是在装可怜，想要骗取别人对你的同情。被人误解得多了，就会感觉周围的人都太冷漠，认为自己已经很不幸，却仍不能从别人的身上得到温暖。有这种想法，就会变得越来越悲观，越来越不相信别人，越发觉得自己不幸。

当然，不要盯住挫折不放，并不是主张有了挫折和坎坷，可以完全不去看它，采取逃避的态度。而是说，一方面，情感不要长久地停留在痛苦的事情上；另一方面，我们的理智应当多在挫折和坎坷上寻找突破口，力争克服它，解决它。

只有直面痛苦，我们才能忘却，也只有忘记了，我们才能不受它的影响，大胆地向前，而不会有"一朝被蛇咬，十年怕井绳"的胆怯。懂得忘却，可以使我们真正放下心中的烦恼，让我们在失意之余，有机会喘一口气，恢复体力。

哲人康德是一个懂得遗忘的人，当有一天他发现最信赖的仆人兰佩一直在有计划地偷盗他的财物时，便将其辞退了。康德在日记上写下悲伤的一行字：

"记住！要忘掉兰佩！"

真正说来，一个人并不那么容易忘掉伤心的往事。不过，当它浮现出来时，我们不能让自己再度陷入愤恨、恐惧和无助的情绪中。这时，最好的方法就是专心工作，计划未来，或者去运动、旅行。

一个人学习了忘怀之道，不愉快的心情会自然消失，取而代之的是朝气蓬勃的新生。

当我们经历痛苦之后，应该学会忘却。俗话说："好了伤疤忘了疼。"我们不能因为那一点点的伤痛，就停滞在痛苦的旋涡里，而要大胆地放下，善于遗忘，才能重见快乐的阳光。

境界高远，
斯是陋室也心安

【原文】

居处寄吾生，但得其地，不在高广；衣服被吾体，但顺其时，不在纨绮；饮食充吾腹，但适其可，不在膏粱；宴乐修吾好，但致其诚，不在浮靡。

【意译】

居住的住所是我的生命依托之处，只求其舒适惬意，不必在乎屋舍院落是否高广；衣服是遮蔽我躯体的，只要合乎季节气候就行，不必在乎是否华丽漂亮；饮食是我用来充饥的，只要合适就好，不在乎是否是珍馐美味；宴饮娱乐是为了与我的朋友修好，只要心诚就行，不在乎是否浮华奢靡。

【解读】

此文与刘禹锡《陋室铭》的中心意思相近，"山不在高，有仙则名，水不在深，有龙则灵，斯是陋室，惟吾德馨……"不在乎外在的华美，而只在乎内心，在乎感情，在乎境界。

俗语说"陋室出明娟"，"英雄莫问出处"，人们常常困扰没有外力的帮助，却不曾想到，制约我们的实际上是自己的内心。当年诸葛孔明身居陋室仍旧能得刘备三顾茅庐，由此可见，与其一味地苛责外在因素，导致整颗心烦躁不安，不如安下心来，提升自己，用淡定的心态为未知的将来打好坚实的基础。很多时候，影响我们高飞的不是所处的条件，而是内心深处的情怀和境界。

古时候，一户人家有两个儿子。当两兄弟成年后，他们的父亲把他们叫到面前说："在群山人迹罕至之处有绝世美玉，你们都成年了，应该做探险家，去寻求那绝世之宝，找不到就不要回来了。"

两兄弟次日就离家出发去山中寻玉。

哥哥的心态非常好，有时候，即使发现的是一块有残缺的玉，或者是一块成色一般的玉，甚至那些奇异的石头，他都视若珍宝，统统装进行囊。

过了几年，到了他和弟弟约定会合回家的时间，他的行囊已经满满的了，尽管没有父亲所说的绝世完美之玉，但造型各异、成色不等的众多玉石，在他看来也可以令父亲满意了。

而弟弟为人偏执，力求完美。结果，兄弟俩相遇，弟弟一无所获，弟弟对哥哥说："你这些东西都不过是一般的珍宝，不是父亲要我们找的绝世珍品，拿回去父亲也不会满意的。"

哥哥则认为，虽说父亲要他们找的是珍宝，可是，这些顽石也不见得会没用。

弟弟拒绝回家，为了找到父亲口中的绝世珍宝，他决定继续去更远更险的山中探寻，立誓一定要找到绝世美玉。

哥哥带着他的那些宝物回到了家中。父亲说，你开一个玉石馆或一个奇石馆，那些玉石稍一加工，就是稀世珍品，是一笔巨大的财富。

经过几年的雕琢，哥哥的玉石馆已经享誉八方，哥哥因此也成了巨富。

而弟弟执迷不悟，据说终其一生，他都在寻找那块天下无双的美玉，沉迷其中，难以自拔。

哥哥和弟弟寻找美玉的过程，其实就像我们漫长的人生，生活就像玉石不能完美一样，不可能没有缺陷。对于每个人来讲，不完美是客观存在的，无须怨天尤人。只要包容这些无法避免的缺陷，学会知足心安，我们生活的每一天自然也就云淡风轻，再无忧愁。

　　生活其实很简单，不需要太过奢华的布景，也不用过分地执着，简单的人生足以恰到好处地诠释幸福。境界高远，斯室陋室也心安。

乐情：
心若向阳，无谓悲伤

心中无荆棘，
天下第一世界

【原文】

剖去胸中荆棘，以便人我往来，是天下第一快活世界。

【意译】

将心中自伤伤人的棘刺去除、开放平易的心胸和人交往，是天下最令人舒畅欢喜的事了。

【解读】

自私、自大、傲慢……都是妨碍人与人之间真诚交流的障碍，佛家说"放下自在"，应当就是这个道理。

著名的佛学大师圣严法师说："有德即是福，无嗔即无祸，心宽寿自延，量大智自裕。"这是一种人生的大智慧。心灵的智慧是无穷无尽的，只有增大自己内心的宽度，才能放下一切障碍，悠然自在。

放下的首要条件，便是大度、大量，拥有阳光心态。

古语有云："宽容聚众义，大度集群朋。"一个人若能有宽宏的度量，不因一些小事让自己的内心受限，那么他的身边便会集结起大群的知心朋友。心宽，表现为对人、对友能"求同存异"，不以自己的特殊个性或癖好要求人，唯以事业上的志同道合为交友基础。心宽大度、胸怀坦荡也表现为能听得进各种不同意见，尤其是能认真听取与自己相反的意见。内心阳光，还要能容忍朋友的过失，对朋友不计前嫌，一如既往。心中无荆棘，更应表现为能够虚心接受批评，一旦发现自己的过失，便立即改正，和朋友发生矛盾时，能够主动检查自己，而不文过饰非，推诿责任。心宽者，能够关心人，帮助人，体贴人，责己严，待人宽。这所有的一切都是成功者或者即将成功之人的高贵品质。

内心阳光的人往往能够用恢宏的气度包容他人的冒犯，赢得他人的尊重。

西汉宣帝时的丞相叫丙吉，他有一个车夫很好喝酒，醉酒后常有不检点的

菜根谭·小窗幽记·围炉夜话（精华版）

行为。有一次，车夫酒后为丙吉驾车，结果呕吐起来，弄脏了车子。丞相的属官为此大骂了车夫一顿，并建议丙吉将此人撵走。丙吉说："何必呢！他本是一个不错的驭手，现在因为酗酒的过失被撵走了，谁还会再雇用他呢？那叫他以后怎么办！就容忍了吧，况且，也不过就是弄脏了车垫子罢了。"于是继续让他驾车。

这个车夫的家在边疆地区，经常有关于边疆情况的消息。一次他外出，正巧碰上从边郡往京城送紧急文件的使者，他就跟随到皇宫正门负责警卫传达的公车令那里去打听，知道是匈奴侵犯云中郡和代郡等地。他马上赶回相府，将情况报告给丙吉，并建议道："恐怕在匈奴进犯的边境地区，有一些太守和长吏已经老病缠身，难以胜任用兵打仗之事了，丞相是否预先查验一遍，也好临事有个措置。"丙吉听后觉得车夫的想法很对，到底家在边境的人对这些事考虑得特别细致，于是召来属吏有司，让他们立即统计有关人员情况，做到对边境官员有个比较充分的了解。

不久，汉宣帝召见丞相和御史大夫，询问遭匈奴侵犯的边境守将情况，丙吉当下一一对答如流，而御史大夫仓促间哪能回答得出！皇帝见御史大夫那副一言不发的窘态，大为生气，狠狠加以责备，而对丙吉则大加赞扬，称许他能时时忧虑边境事务，忠于职守。皇帝哪里知道，这全是车夫的提醒之功啊！

军国大事本不是车夫所长，丙吉在朝也难以想到边区的具体状况。只因容人小过，丙吉却意外地得到了如此难得的帮助。可见，容忍别人的小过失，别人也必将以自己的一技之长来酬答；宽容自己的仇人，仇人也有可能会尽力相报。

我们虽然不能改变生命的长度，却可以改变生命的宽度。正如当我们要在一个蓄水池中注满清澈的河水时，在蓄水池已经固定的前提下，增加输水管道的长度只是拉长了水流的距离，我们最需要去做的是将管道拓宽，这样才能更快地将水池注满。用包与容的智慧来解释，就是一个懂得拓展心理宽度的人，才能够获得承载成功所需要具备的品质。

同理，心宽者得气量。有气量的人正是因为拥有包与容的魄力，才能容人所不能容，得人所不能得，让智慧在身心中生长，使自己得到提升。

眼中无灰尘，
胸中无渣滓

【原文】

　　眼里无点灰尘，方可读书千卷；胸中没些渣滓，才能处世一番。

【意译】

　　眼中没有一点成见，才可以广涉众籍；胸怀中对人对事能不生不满或执情，处世方能圆融。

【解读】

　　佛教传说中，佛陀出生即能行走，每走一步，脚下便涌现出朵朵金莲。莲花在佛教中有其特殊的意义，"佛祖慈悲怀，莲花朵朵开"。莲花以其"出淤泥而不染，濯清涟而不妖"的品格深受文人雅客的喜爱。其实，我们每个人心里都有一朵圣洁的莲花，因此，每个人也都有品性洁净的内心。把握这份心，就有机会争取幸福的关照，从而永远脱离世间的痛苦，得到永恒的阳光。

　　有位信徒问无德禅师说："同样一颗心，为什么心量有大小的分别呢？"禅师并未直接作答，告诉信徒说："请你将眼睛闭起来，默造一座城垣。"于是信徒闭目冥思，心中构想了一座城垣。信徒说："城垣造完了。"禅师说："请你再闭眼默造一根毫毛。"信徒又照样在心中造了一根毫毛。信徒说："毫毛造完了。"禅师问："当你造城垣时，是只用你一个人的心去造，还是借用别人的心共同去造呢？"信徒回答："只用我一个人的心去造。"禅师问："当你造毫毛时，是用你全部的心去造？还是只用了一部分的心去造呢？"信徒回答："用全部的心去造。"于是禅师就对信徒开示道："你造一座大的城垣，只用一个心；造一根小的毫毛，还是用一个心，可见你的心是可大可小。"

　　其实人的心何止能大能小，也可净可浊，由此既能生快乐，又能生烦恼。

人生的痛苦和悲哀都是源于自己的心态。一个人心中若太过执着，自然会迷失在欲望的丛林中，分辨不出正确的方向。只有心如水般清澈，如月光般轻盈，如莲花般纯净，才能拥有快乐的心境，拥有单纯的幸福。既然人生的痛苦大多来自于人的心态，那么，为何人的心总是不能保持一种平衡稳定的状态，而注定要为尘事所扰呢？

一位禅学大师有一个总是爱抱怨的弟子。有一天，大师派这个弟子去集市买了一袋盐。弟子回来后，大师吩咐他抓一把盐放入一杯水中，然后喝一口。"味道如何？"大师问道。"咸得发苦。"弟子皱着眉头答道。

随后，大师又带着弟子来到湖边，吩咐他把剩下的盐撒进湖里，然后说道："再尝尝湖水。"弟子弯腰捧起湖水尝了尝。大师问道："什么味道？""纯净甜美。"弟子答道。"尝到咸味了吗？"大师又问。"没有。"弟子答道。大师点了点头，微笑着对弟子说道："生命中的痛苦是盐，它的咸淡取决于盛它的容器。"

你愿做一杯水，还是一片湖？有人说，人生像是一个苦瓜，即使在圣水中浸泡，在圣殿中供养，放入口中，苦味依然不减，这是人生苦的本质。其实人生更像是一杯白水，放入蜂蜜就是甜的，放入盐粒就是咸的，放入茶叶有些苦涩，放入咖啡就有醇香。心是苦的，人生便如苦海无边；心是甜的，人生处处都是曼妙风景。

纷乱的俗世，有权的将权力为己所用，有钱的花天酒地纵情挥霍，有色的卖弄青春不知老之将至。所谓"心生则种种法生，法生则种种心生"，既然境由心造，何不在自己的内心掘一座莲池，青莲开则净土在；也可造一座花园，满园玫瑰芬芳之时，于己赏心悦目，送人则手留余香。

人心就像一汪水，人心如果散乱，就如同被搅浑的水。这样人会因为不知道自己要的是什么，常常随着别人的意见而走，会受别人评价的影响，会活得很累，这样的人，怎么能感受得到幸福呢？相反，内心清净的人才能真正认清自己，遇到顺境不动，遇到逆境也不动，不受任何外在的影响。这样的人才能认准自己的幸福，才能朝着幸福迈出坚定的步伐。

山高竹密，
我自清静我自歌

【原文】

　　是非场里，出入逍遥；顺逆境中，纵横自在。竹密何妨水过，山高不碍云飞。

【意译】

　　身在充满是是非非的世间，能够逍遥自在地出入其中；不管是顺境还是逆境，能够自由自在地纵横其中。竹林再密集也不会影响流水的通过，山势再高也无法阻碍白云的飞跃。

【解读】

　　人处在一个复杂的社会里，人际关系错综盘结，世事诡变难以预料，只有顺应时势，伺机而动，才能在社会上立足扎根。

　　分清自己所处的"大气候"和"小气候"，明白自己的位置，清楚活动的空间，辨别生活的方向，采取适当的手段，对于一个人来说，是十分重要的生存哲学。

　　在河的两岸，分别住着一个和尚与一个农夫。

　　和尚每天看着农夫"日出而作，日落而息"，生活非常充实，十分羡慕。而农夫也在对岸，看见和尚每天都无忧无虑地诵经，生活十分轻松，非常向往。因此，在他们的心中产生了一个共同念头："真想到对岸去换个新生活！"

　　有一天，他们碰巧见面了，两人商谈一番，并达成交换身份的协议，农夫变成和尚，而和尚则变成农夫。

　　当农夫来到和尚的生活环境后，他才发现，和尚的日子一点也不好过，那种敲钟、诵经的工作，看起来很悠闲，事实上却非常烦琐，每个步骤都不能遗漏。更重要的是，僧侣刻板单调的生活非常枯燥乏味，虽然悠闲，却让他觉得茫然若失。于是，成为和尚的农夫，每天敲钟、诵经之余都坐在岸边，羡慕地看着在彼岸快乐工作的其他农夫。

至于做了农夫的和尚，重返尘世后，痛苦比农夫还要多，面对俗世的烦忧、辛劳与困惑，他非常怀念当和尚的日子。

因而他和农夫一样，每天坐在岸边，羡慕地看着对岸步履缓慢的其他和尚，并静静地聆听彼岸传来的诵经声。

这时，在他们的心中，同时响起了另一个声音："回去吧，那里才是真正适合自己的生活！"

人生不过如此。在生活中难免暗流涌动，浮礁丛生。原本得意也可能瞬间就失意，原本和自己没有关系的事情，也许就会将自己牵连其中，百口莫辩。"心若向阳，无谓悲伤"的道理虽然人人知晓，但操作起来，还真的是很难。所以我们无论遇到什么，都要充满希望，勇往直前，但这种奋进不代表蛮干，而是审时度势的权衡。有大智慧的人必然是懂得进退的人，"山高竹密，我自清静我自歌"不见得就是放弃，而是一种心的修为，参透世事，方可人情练达。穷途末路的低回，不是千帆过尽后的叹息，而是"云无心以出岫"的等待。用暂时的忍耐，坦然地调整自己的状态，让自己在挫败中保有一份恬淡的心情、闲散的心性，时间的大手自然会抹去愁苦，把希望许给准备了许久的那个人。

养心调性，须当整日养花天

【原文】

执拗者福轻，而圆融之人其禄必厚，操切者寿夭，而宽厚之士其年必长。故君子不言命，养性即所以立命，亦不言天，尽人自可以回天。

【意译】

性格过于偏执任性的人福气少，性格圆满融通不固执的人福禄多，性格急躁严厉的人寿命短，性情宽厚温和的人寿命必然长。所以，君子不必谈命，修养心性便足以安身立命，也不必论天，做好自己责任内的事情，就可以挽回天命。

【解读】

一个人的福分禄命，往往决定于他的性情。什么叫作福分呢？并非能吃喝玩乐便是有福分，因为，吃喝玩乐的另一面是空虚、无聊、堕落，那是苦，不是乐。福气是一个人精神上能经常保持愉悦，这就不是性情执拗的人所能保持的态度了。因为性格太执拗，只要稍有违逆之事，他便雷霆大怒，如何能常保精神的愉快呢？凡事若能退一步想，乐于接受他人的建议，做人做事都会顺利得多。

同样，一个人如果一天到晚操心很多事情，性格很急，就算不得心脏病，也会罹患肠胃病，怎么可能长寿呢？有时性急反而解决不了问题，不如让心情保持冷静，不要让事情因操之过急而乱成一团。这时，你也许会发现许多事根本不成问题。即使有事，人内心也是清楚明白的，不会被世事折磨得精神不济。

通达生命之道的君子，不会谈论命运，因为，他明白培养美好的心性，便能拥有美好的生命。他也不去揣测天意，因为，天意是由人做的事是否正确、是否尽力来决定的。

有一天，如来佛祖把弟子们叫到法堂前，问道："你们说说，你们天天托钵乞食，究竟是为了什么？"

"世尊，这是为了滋养身体，保全生命啊。"弟子们几乎不假思索。

"那么，肉体生命到底能维持多久？"佛祖接着问。

"有情众生的生命平均起来大约有几十年吧。"一个弟子迫不及待地回答。

"你并没有明白生命的真相到底是什么。"佛祖听后摇了摇头。

另外一个弟子想了想又说："人的生命在春夏秋冬之间，春夏萌发，秋冬凋零，如此而已。"

如果佛祖还是笑着摇了摇头："你觉察到了生命的短暂与变化，但只是看

菜根谭·小窗幽记·围炉夜话（精华版）

到生命的表象而已。"

"世尊，我想起来了，人的生命在于饮食间，所以才要托钵乞食呀！"又一个弟子一脸欣喜地答道。

"不对，不对，人活着不只是为了乞食呀！"佛祖又加以否定。

弟子们面面相觑，一脸茫然，又都在思索这个问题。这时一个烧火的小弟子低低地说道："依我看，人的生命恐怕是在一呼一吸之间吧！"佛祖听后连连点头微笑。

故事中弟子们各自的回答反映了不同的人性侧面。人是惜命的，希望生命能够长久，才会有那么多帝王将相苦练长生之道，却无法改变生命是短暂的这一事实；人是有贪欲的，又是有惰性的，所以才会有那么多"鸟为食亡"的悲剧发生；而人又是向上的，所以才会有那么多的"只争朝夕"、从不松懈却身心俱疲的生活。

生命之旅，即使短如白驹过隙，也应当珍惜这仅有的一次生存权利。生命是虚无而又短暂的，它在于一呼一吸之间，如流水般消逝，永远不复回。要让生命更精彩，我们理应在有限的时间里，绽放幸福的花朵。

生命诚可贵，在有限的生命里，我们应该秉持一种阳光心态，让我们的生命绽放光彩、更有价值。

所以，请不要让"顺应天命"成为影响阳光心态的借口。西方有位哲人说过："自己招来的苦难总是最让人心痛的。"这句话其实暗合了《小窗幽记》中"执拗者福轻，而圆融之人其禄必厚"的道理。做一个心胸坦荡的阳光之人，别让幸福白白地在我们无谓的情绪中溜走，也别让庸人自扰的苦难湮没幸福，做一个乐情之人，天地自然在自己的心胸之中。

日复日岁复岁，
无拘系无挂碍

【原文】

天薄我福，吾厚吾德以迎之；天劳我形，吾逸吾心以补之；天厄我遇，吾亨吾道以通之。

【意译】

命运使我的福分淡薄，我便增加我的品德来面对它。命运使我的形体劳苦，我便安乐我的心来弥补它。命运使我的际遇困窘，我便扩充我的道德使它通达。

【解读】

所谓福分薄，是指外在的物质条件不富足，或者生命的外缘常有缺憾。如果内心没有深厚的修养，往往要怨天尤人，感到不满足。相反，深厚的心灵修养能使人安然自适，将不知足的想法驱出脑际。有时命运会使我们的形体十分劳苦，倘若我们的心也跟着紧张，那真是要身心俱疲了。其实，形体的疲劳并不一定会使心灵疲劳，如果将心放在轻松甚至快乐的境界中，那么，即使形体再劳苦，心情还是愉快的。

人的际遇无常，困厄在所难免，此时更不可灰心丧志，不如充实自己的学问，提升自己的道德水平。困厄的产生，往往是自己能力不够的缘故，若能抱着这样的想法，必能在一种宽阔的心境下将困厄突破或解决，即使不能解决，有开阔的心胸和通达的心性，至少内心不会因此而沮丧。

古时候，有父子俩一起耕作一片土地。一年一次，他们会把粮食、蔬菜装满那老旧的牛车，运到附近的镇上去卖。但父子两人的性格迥然不同。父亲认为凡事不必着急，慢慢做总会做完。儿子则个性急躁、怨天尤人，他总会埋怨路上遇到的事情耽误了自己的行程，继而开始责怪命运不公。

这天清晨，他们套上牛车，载满了一车子的货，开始了漫长的旅程。儿子想快些，第二天清早赶到市场。于是儿子用棍子不停地驱赶牛车，要牲口走快些。

"放轻松点，儿子，"老人说，"一切皆是天定，你们做好本分即可。"

可儿子一直抱怨不休。

快到中午的时候，他们来到一间小屋前面，父亲说要去和屋里的叔叔打招呼。儿子生气地等待着，直到两位老人慢慢地聊足了一小时。

再次启程，走到一个岔路口，儿子认为应该走左边近一些的路，但父亲却认为应该走右边有漂亮风景的路。

就这样，他们走上了右边的路，儿子却对路边美丽的牧草地、野花和清澈河流视若无睹。最终，他们没能在傍晚前赶到集市，只好在一个漂亮的大花园里过夜。父亲在这美丽的环境中睡得鼾声四起，儿子却毫无睡意，只想着赶快赶路。于是他越想越生气，飞起一脚踢向一个花盆，却因此而扭伤了脚，耽误了进城去卖粮食。儿子沮丧至极，父亲却说："日子天天都在重复，可我们今天却可以在这美丽的花园里多停留一日，多好啊。"

很多时候，我们就和这个青年一样，在人生中不停地奔跑，奔着下一个目标不断地奋进。我们的生活被忙碌和一个又一个的目标所填满，心里、眼里也只剩下这个目标，当我们回头的时候，却发现生命的过程实际上才是最美妙的。

生活需要一杯茶的清香，需要一碗酒的浓烈激情。每天早晨出来呼吸着新鲜的空气，给自己泡一杯咖啡，听一曲优美的曲子；在休息的时候给朋友送去自己亲手包的饺子；陪着父母一起坐在电视机前说那些实际上已经说了无数次的家常；一家三口一起去海边游玩，让心灵得到极大的放松……

很多时候我们忽视了这些，忘记了好朋友的生日，忘记了亲人的纪念日，每天想的就是看不到尽头的房贷还款、钞票化的人情往来、职场上的尔虞我诈，我们的生活被物质充斥了，我们的理想也都变得物质化了，所以我们急着赶路，跑得气喘吁吁都不停息。

而生活本来可以不这么过，只是我们太紧张了，而忘记在生活中慢慢体味幸福的味道。我们大可以轻松一些，秉持一种阳光心态，活得更洒脱一些，做事不必急躁，慢慢走，慢慢看，你会发现原来生活真的很美好，处处都充溢着阳光的味道。

古往今来，多少人争名于朝、争利于夕，殚精竭虑。但是，人之于宇宙，不过是一过客而已，所以，放慢你的脚步，看清人生最根本的目的，一步一个脚印地走下去。这样，你会发现前所未见的美景，在欣赏美景的同时达到自己的目的，最终走上成功的道路。

第 11 章

暖爱：
一双人美好，一个人自在

饮罢相思水，
方识相思情

【原文】

无端饮却相思水，不信相思想杀人。

【意译】

无缘无故地饮下了相思之水，不相信真会教人想念至死。

【解读】

多少事无理可说，无端认识那人，无端心系那人，无端饮下相思，无端自苦不已，一切都是无端的。有端之事尚有道理可循，尚有结尾可待，无端之事既无道理，也无结尾，岂不令人愁肠寸断。

偏偏当初不信，如今尝遍苦果。这种相思水似酒非酒，饮之无解，才饮一滴，便要纠缠一生。而年少好奇，只当玩笑，一口饮尽，还称豪气。如今识得，泪眼婆娑，唯有说此水不好喝。

一曲《胭脂扣》，一部经典，一人一鬼的相恋。一个纵情挥霍的富家公子，一个美貌痴情的烟花女子，为了爱情，相约同死，又一个为了美人舍弃一切的男人，又一个为了男人沉沦爱情的女人。但是，女子去了，男子却偷生了。

影片中梅艳芳饰演的便是这样一个痴恋的女子——如花——如梦如幻月，若即若离花。"今日天各一方难见面，是以孤舟沉寂晚景凉天。你睇斜阳照住个对双飞燕，独倚蓬窗思悄然……"一曲《客途秋恨》由梅艳芳的女中音字字吟来，便是绕梁三日、百转千回的悲剧性暗示。如预言一般——我倚在奈何桥头日日夜夜盼你到来，与我一同饮下孟婆汤，同入轮回圈。50年的等待，是怎样的望穿秋水，是怎样的在绝望中自欺欺人呢？难以揣测如花是怀着怎样的心情等了这半个世纪，于她似乎只是一句轻轻的感叹：50年过去啦……

而张国荣饰演的十二少，却最终让人叹息，他是懦弱的，他经不起吃软饭的名号。要分开了，十二少痛苦地打翻那面粉，撒在相拥的两个人身上，谁说我不是真心爱你？错就错在真心相爱，十二少眼看着如花吞下那么多的鸦片膏，自己也觉得对不起这个爱得深刻的女人。鸦片膏在喉中有如千斤，却怎么也滑不下去，不是我贪生，我只是害怕。如果他们不是真心相爱，不过是又多了一个千年遗骂的薄幸郎，何苦都这么辛苦。

耳边似乎又响起片中曲的呢喃——

誓言幻作烟云字

费尽千般心思

情像火灼般热

怎烧一生一世

延续不容易

负情是你的名字

错付千般相思

情像水向东逝去

痴心枉倾注

愿那天未曾遇

只盼相依

哪管见尽遗憾世事

渐老芳华

爱火未灭人面变异

祈求在那天重遇

诉尽千般相思

祈望不再辜负我

痴心的关注

人被爱留住

祈望不再辜负我

痴心的关注

问哪天会重遇

这正如汤显祖在《牡丹亭》的题记中感叹的："情不知所起，一往而深。生者可以死，死可以生。生而不可与死，死而不可复生者，皆非情之至也。"

真是，醉过方知酒浓，爱过方知情重。

用情深处孤独，
任性切勿放肆

【原文】

　　情最难久，故多情人必至寡情；性自有常，故任性人终不失性。

【意译】

　　情爱最难保持长久，所以情感丰富的人反而会显得浅薄无情。天性本有一定的常理，所以率性而为的人终不会失去他的天性。

【解读】

　　爱情容易让人失去理智，爱一个人爱到为其不顾一切，是常有的事情，而一旦失去这份感情，往往又会恨得咬牙切齿，因爱生恨。其实，不要忘记，爱是可以选择的，"失之东隅，收之桑榆"，这句话最应该送给那些痛失爱侣的人。

　　想要拥有一份真正的爱情，就要像买东西一样精心挑选。如若出现了什么问题，我们一样也要退换，不要在抱怨声中滞留。毕竟爱情是两个人的事情，彼此个性的不同会使爱情产生很多问题。当爱情真的走到绝路时，怎样选择，将决定你一生的幸福。

　　"想了一年多，我想通了，还是放手让他走。"小冰说这话时，脸上有一种大彻大悟后的解脱。前段时间，小冰曾拿着丈夫文清与另外一个女人的合影找到好朋友灵子，无助地"控诉"着文清的背叛，希望能找到留住文清的办法。其实那时小冰就已清楚，男人的心不在了，留住人也没用。

　　小冰出生在一个小城市，家里是当地有名的望族。冰雪聪明的小冰一直和在美院当老师的叔叔学习画画。而小冰与文清的爱情故事就萌芽于学习画画的过程中。

　　就在小冰大学二年级那年暑假，叔叔办起了美术培训班，爱好美术的文清报名参加了培训班。文清高大帅气，虽然只比小冰大一岁，但看上去很成熟。

小冰很快就和文清熟悉起来，两人常常在一起聊画画、聊生活。

后来的事情顺理成章。大学毕业后，两人走到了一起，组成了一个幸福的小家庭。直到小冰生下了一个男孩，把精力放在了孩子身上之后，她才发现丈夫文清的变化，他每天回家很晚，有时心不在焉，经常接到电话就出去了。

深爱丈夫的小冰虽然觉察到了不对，但一直给丈夫找理由。直到后来从朋友那里得知了文清有外遇的事实，并看到两人出入酒吧的合影，小冰才不得不面对。她虽然心痛得要命，但最后还是和文清摊了牌。文清说他爱上了那个女人，要和小冰离婚。

但小冰迟迟不肯签字，她一直在为自己寻找不离开文清的理由。她说，那是她倾注了全部青春年华的爱情啊，她从未想过没有了文清她还会爱谁。直到有一天，她站在湛蓝的大海边，看着一直带在身边那张文清与另外一个女人的合影，看着两人满怀爱意的眼神时，小冰忽然想通了：与其让自己的爱陷入重围，不如放手，放他们走吧，也给自己的爱一条生路。

当你的另一半已经对你冷漠的时候，很显然，你们的爱情已经出现了问题。如果可以补救那固然很好，可是有时爱情已经变质到无法挽回，这时继续在一起也没有好结果，甚至导致因爱生恨。那么我们为什么不去做新的选择，放爱一条生路呢？

在爱情道路上不要犯傻，要时刻警醒自己，爱也是可以选择的。放下心中的执着，给爱一条生路，你会拥有一片更美的风景，得到另一种幸福。

世法之内，
世情世缘方可圆满

【原文】

　　有世法，有世缘，有世情。缘非情，则易断；情非法，则易流。

【意译】

在这个世上，有法律规则，有缘分，有感情。如果缘分缺乏感情的维系，也就很难长久，容易中断，而感情如果没有法则约束，就容易做出失控的事情。

【解读】

伟大的哲学家罗素曾经说过："对爱情的渴望，对知识的追求，对人类苦难不可遏制的同情心，这三种纯洁但无比强烈的激情支配着我的一生。我寻求爱情，首先因为爱情给我带来狂喜，它如此强烈以致我经常愿意为了几个小时的欢愉而牺牲生命中的其他一切。我寻求爱情，其次是因为爱情可以解除孤寂——那是一颗震颤的心，在世界的边缘，俯瞰那冰冷死寂、深不可测的深渊。我寻求爱情，最后是因为在爱情的结合中，我看到圣徒和诗人们所想象的天堂景象的神秘缩影。"

是啊，爱情是那么美好的一个字眼，又那么激动人心，给人青春活力，解除人内心的孤寂。然而，想要维系住一段爱情，远不止付出感情那么简单，作为一个成年人，能否把控住感情的走向与力度，也是我们要学习的任务。

离他的生日还有20多天，她就开始到处转，希望能买到一件让他感到惊喜的礼物。

他和她都是毕业于名牌大学的高材生。记得刚结婚不久时，家庭条件很差，他因病住院，她下班后总会买两个新鲜的水果送给他，那些水果一直感动着他去努力拼搏，建设自己美好的家。因为有爱，他们日子过得很清苦却感觉很幸福。

后来他们终于打拼出属于自己的一片天，但彼此的感动却越来越淡，他们各自忙着自己的事业，甚至内心都对彼此产生了怨怼，不是没有想到过离婚。然而，面对周围美女如云，他却无法对她们其中的任何一个动心。而她的周围也不乏优秀的男人，她却一直认为他是她的最爱。

虽然生活使他们改变了许多，但在骨子里，他们都是那种纯粹的人。终于，一个温柔的夜晚，他们谈心了。于是，甜蜜的爱情又在暗里呼啸而来。不过，两个人都已经习惯了平淡，脸上什么情绪也没有表露。只是两个人都在内心中感叹，幸好没有选择离婚。

任何事情都在追求速度的今天，爱情也随之变了味道，变得狭隘、利益化，让人慨叹。面对我们身边的爱人，是太亲近的距离让我们忘记了表达心中的感恩，还是因为熟悉的感觉已经让我们感到疲惫？

其实，爱情本身就是一种最大的赐予，有爱的天空不会因为利益而越走越窄；有爱的空间，不会因房子大小而填不满温馨的幸福。爱情需要用心去栽培，用心去灌溉，用心去呵护。爱自己爱的人，本身就是一种幸福。

虽说在爱情里，总会有付出比较多的一方，可既然付出，就不要在心里期待对方给予回报，否则，一旦失望，很容易就会生成不满情绪，甚至失控，最后造成不可预期的后果。然而，另一方也不能将对方的这种付出视为理所当然，至少要怀着一种感激之情，对对方的付出给予回应。如果一味索取而不施与，长此下去就会让爱情变得失衡，甚至会导致爱情的终结。

小然是个脾气火暴的人，可是面对自己的女朋友却会异常温柔，让人不得不赞叹爱情的神奇。然而最近，小然常常跟身边的朋友诉苦，他对他的女朋友实在是好得不能再好了，不但嘘寒问暖，而且经常会给她惊喜，给她买零食，陪她逛街买衣服，但女友却爱上了别人。小然对此愤怒异常，他咆哮着砸坏了家中的一切家具，结果是母亲的一句话让他清醒，"你根本就不爱她，那不如就让她去吧。"小然反问："我为她做了那么多，怎么会不爱她？"母亲则说："一段感情，给对方的一定要是对方喜欢接受的，如若她不喜欢，你给她再多又能如何？"小然稳定了情绪，和女友友好地提出了分手。女友感激之余，很快为小然介绍了新的女友，最后皆大欢喜。

无论是怎样的一份情感，我们都应该在全身心付出的同时，掌控好自己的情绪，遭遇到任何事情都要先理性地去对待，然后再感性地予以解决。在这个处处提倡情商的时代，《小窗幽记》中的名言仍然可以借鉴，缘非情，则易断，情非法，则易流。

爱恨如梦，
侠骨柔情甘之如饴

【意译】

　　儿女情长，英雄气概，这两者可以同时拥有并不相悖；侠骨柔肠也正是我们最应该推崇的。爱与恨，柔与刚，并不冲突，甚至相辅相成。可笑那些见识浅薄的人，非说"儿女情长则英雄气短"。

【解读】

　　自古有云，"儿女情长则英雄气短"。一般江湖儿女都用此句作为自己的座右铭，但凡感情与事业有所冲突，立即将男女情感化为私情，而将建功立业成就大事当作人的本分。《小窗幽记》中对此专门做了阐述，书中认为，爱与恨，柔与刚，这些并不冲突，甚至可以说是相辅相成。只有那些见识浅薄之人，才会认定想要成就一名英雄，必先舍弃感情，这种想法显然是非常片面的。

　　历史上同样有很多大学者将感情与事业兼顾，最终在两方面同样出类拔萃，并因此获得了世人的赞许。

　　胡适13岁时，由母亲做主与大他一岁的乡下姑娘江冬秀订婚。之后，胡适赴美学习，与江冬秀14年不曾见面，直到1917年，学成归国方才回家乡完婚。婚后，胡适回到北京大学教书，江冬秀在家照顾母亲，直到隔年夫妻才团圆。江冬秀出身于安徽绩溪邻县旌德江村书香世家，自幼就缠了小脚不说，而且相貌平平，短腿，小脚，眼有翳子。胡适聪明活泼、相貌端正，夫妻俩站在一起，简直有云泥之别。

　　1917年12月30日是胡适大婚的日子，也是这一天，胡适和江冬秀才第一次谋面。游历在国外多年的胡适见惯了金发碧眼的洋美人，也整天和秀外慧中的女同学在一起，江冬秀的容貌与形象显然入不得胡适的法眼。

然而，这些年江冬秀无微不至地照顾胡适的母亲，让胡适感动，于是婚后，胡适将她带到了身边，没料想，从此就是一辈子。江冬秀虽然没有文化，然而毕竟出自名门，做事豁达，有勇有谋，胡适经常表示，虽说外人看起来二人并不相配，其实，这些年还是江冬秀扶持了他。

当时的胡适已经名满天下，朋友都说："以你学贯中西的才学，有这样一位妻子未免不是憾事，你离开江冬秀，只不过以后照顾好她的后半生，也算是英雄所为"。胡适却坦然一笑："你们怎知我们夫妻之间就没有儿女情长？"后来，江冬秀总是伴随着胡适，胡适也对她不离不弃，以至友人曾戏言："胡适大名垂宇宙，小脚夫人亦随之。"

世间的任何事，包括爱情其实都是平衡下的产物，壮士断腕、舍弃妻儿，在《小窗幽记》的主导思想下，都是不可取的态度。作为一个成年人，能将感情与事业、家庭与责任等诸多关系协调得尽善尽美，才算是一个英雄、一个大丈夫。

情之所至，更懂珍惜

【原文】

银烛轻弹，红妆笑倚，人堪惜情更堪惜。困雨花心，垂阴柳耳，客堪怜春亦堪怜。

【意译】

轻轻拨亮银台上的蜡烛，梳妆美丽的女子含笑依偎在身旁，人值得珍惜，情意更值得珍惜。花心被雨所困扰，恐被大雨所淋，柳叶被柳阴所遮盖，客值得怜惜，春也值得怜惜。

【解读】

　　生命值得珍惜，它是人生大厦的基石。健康值得珍惜，它是奋斗的本钱，成功的前提。成绩值得珍惜，它是往日辉煌的见证，美好未来的起点。亲情值得珍惜，它是我们所有甘心付出的最直接动力。友谊值得珍惜，它是我们生命中的又一轮太阳。

　　很多时候，我们要懂得珍惜，珍惜让我们的生命之旅充满快乐和幸福，使我们有足够的勇气穿越并不平坦的每一段旅途。珍惜春华，收获秋实；珍惜涓流，江海无涯；珍惜相聚时光，重逢必然欣喜；珍惜时常翩然浮现的往事，可以领略人生滋味的醇厚；珍惜一闪而过的灵感，可以从容谱写隽永的诗篇；珍惜最初的梦想，生命的领地将更加辽阔丰饶。

　　有个年轻貌美的少女，出身豪门、多才多艺，她家的门槛都快被媒婆踏平了，她仍不想出嫁，因为她始终都在盼望如意郎君的出现。有一天，她去庙会散心，在万头攒动的人群中，瞥见一名年轻男子，心中确知就是她苦苦等待的人，然而，场面杂沓拥挤，她无论如何都无法靠近那人，最后眼睁睁地看着心上人消失在人群中。之后，少女四处寻找此人，但这名年轻男子却像是人间蒸发，再也没有出现。落寞的她，只有每日晨昏礼佛祈祷，希望再见那个男人。她的至诚，感动了佛心，于是现身遂其所愿。

　　佛祖问她："你想再看到那个男人吗？"

　　"是的，哪怕见一眼也行！"

　　"若要你放弃现有的一切，包括爱你的家人和幸福的生活呢？"

　　"我愿放弃"，少女为爱执着。

　　"你必须修炼五百年，才能见他一面，你不会后悔吧？"

　　"我不后悔"，斩钉截铁。

　　于是女孩变成一块大石头，原来城里正在建造石桥，于是，女孩变成了石桥的护栏。她终于看见了那个等了五百年的男人！他行色匆匆，很快地走过石桥。这男人又一次消失了。

　　女孩再次去求佛祖，这回佛祖把她变成了一棵树。又是一个五百年过去，他终于来了！女孩痴痴地望着他。这一次，他没有匆匆走过，因为，天太热了。他来到树下，闭上双眼睡着了。女孩摸到他了，可男人只小睡片刻，因为他还有事要办，头也不回地走了！

当那人逐渐消失的时候，佛祖又出现了。

"你是不是还想做他的妻子？那你还得修炼。"

女孩平静地打断了佛祖的话："我是很想，但是不必了。"

"哦？"

"这样已经很好了，爱他，并不一定要做他的妻子。"

"哦！这样就好，有个男孩可以少等你一千年了，为了看你一眼，他已经修炼两千年了。"佛祖脸上绽放着笑容。

恋人都是在苦苦地等待抱怨，殊不知总有一天会出现正确的那个人。

重情重意者惜缘，勤奋上进者惜时，洞明世事者惜福。懂得珍惜的人是充实富有的，因为他拥有博大的心灵、宽阔的胸怀。一个达观开朗的人会在看似单调乏味的日常生活中发现那些弥足珍贵的点点滴滴。窗外飘进一片落叶，他可以把它轻轻拾起，夹在书册中成为一枚精美的书签。与好友或同事郊游，拍照留念的时候，他的笑容最为灿烂，因为他知道这瞬间将会成为定格在生命底片上的一道风景。生活上遇见困难，工作中有了麻烦，他总会沉着应对，主动把握机会，积极做出正确处理，他明白这样的时刻正是在为日后的成功做积淀。

在形形色色的心仪之物中，我们要学会自觉珍惜那些真正值得珍惜的，自觉与不该挂在心头的东西划清界限。珍惜那些真的、善的、美的事物和人，心灵一定是美好安宁的。

爱我所爱无怨尤

【原文】

情语云："当为情死，不当为情怨。"关乎情者，原可死而不可怨者也。

【意译】

有人说："应当为情而死，却不当因情而生怨。"有关于感情的事，原本就是可为对方而死，不应当生怨心的。

【解读】

说到感情的升华，步入婚姻是一个最完美的结局。婚姻里的两个人，个性不一定相同，所以总会出现各种各样的摩擦，总有些矛盾，如果处理不当，就可能引发更大的麻烦，甚至影响正常生活。

其实，很多夫妻之间的问题都是因为双方都不愿意让步，不愿意先向对方低头，所以才将问题越积累越多，最后到了无法挽回的地步。

所以，如果真正爱对方，想要跟对方一起幸福地生活下去，就要学会向对方低头。爱，就是那一瞬间的低头。

这年冬天，一对夫妇的婚姻正濒于破裂的边缘。为了重新找回昔日的爱情，他们打算再进行一次浪漫之旅，如果能够在这次的浪漫之旅中找回相互间的感情就继续生活，如果不能就友好分手。他们来到加拿大魁北克的一条南北走向的山谷。这个山谷没有什么特别之处，唯一能够引起人们注意的是它的西坡长满了松、柏、女贞等树，而东坡只有雪松。这一奇异景观是个谜，许多地质学家一再对其进行研究，都没能得出令人满意的结论。

晚上，突然下起了大雪。这对夫妇支起了帐篷，仔细观察着满天飞舞的大雪，发现了一个现象，由于不一样的风向，东坡的雪总比西坡的雪来得大，来得密。没多大一会儿的工夫，雪松上就积了一层厚厚的雪。不过因为雪松的枝丫富有弹性，当雪积到一定程度的时候，雪松的枝丫就会向下弯曲，直到雪从枝上滑落下来再直起来。就这样反复地积雪，反复地弯下枝丫，反复地落雪，雪松最后还是完好无损。可其他的树因没有这个本领，所以树枝都被压断了。西坡由于雪小，总有些树挺了过来，所以西坡除了雪松，还有松、柏和女贞之类的树。

帐篷中的妻子发现了这一景观，对丈夫说道："山坡的东面肯定也长过杂树，只是可能因为不会弯曲而被大雪摧毁了。"丈夫点头称是。片刻之后，两人像突然明白了什么似的，紧紧相拥在一起。

为人夫或者人妻，对于婚姻的压力要尽可能地去承受，在承受不了的时候，学会弯曲一下，像雪松一样让一步，这样就不会被压垮。不要总是去苛求对方做到完美，因为你也不是完美的，向他（她）低一下头，你们的婚姻就会

菜根谭·小窗幽记·围炉夜话（精华版）

别有一番风景。

在中国，大男子主义的作风成为爱情婚姻中一个不和谐的音符。很多男人都觉得自己的任何做法都是无可挑剔的，所以若是和妻子发生争执，就必须妻子先低头，不然自己就太没面子。可是妻子也会有自己的委屈，她们也希望丈夫能够给予理解。这个时候，如果没有一个人肯低头认错，那么僵持的氛围就会一直延续。时间长了，自然会影响夫妻之间的感情。

生活中，我们已经活得很累了，不管是男人还是女人，都不容易。当感受到对方已经身心疲惫的时候，就应该低下头去，握住对方的手，让自己的体贴温暖对方，保护对方。虽然有时候，问题的发生并不是我们有意为之，或者不完全是我们的错，但是能够在对方疲惫的时候，给予体贴和谅解，才能温暖彼此脆弱的心。

枝头秋叶，当断则断

【原文】

枝头秋叶，将落犹然恋树；檐前野鸟，除死方得离笼。人之处世，可怜如此。

【意译】

秋天树枝上的黄叶，即将要落下时，仍然眷恋枝头不忍离去；屋檐下的野鸟，直到死去，才能脱离关锁它的牢笼。人活在世上，也像这秋叶与野鸟一般可怜。

【解读】

《小窗幽记》认为：为人之苦，苦在人的感情恍若秋天大树上剩余的树叶，明知道风雨飘摇，也舍不得潇洒地放手离去。实际上，对于一份情感来讲，有时候选择干脆地放手才是对人对己负责的态度。

才华横溢、名满天下的李叔同先生，也即后来的弘一大师，其变幻多姿的一生本身就是一个传奇。从风光八面的文化名流转而皈依佛门，在风花雪月的杭州避世而居，潜心修行，从此与往昔种种一切两断。在弘一大师的心念中，浮华红尘中的李叔同已死，而清净佛界的弘一大师方生。这是处在无常中无可奈何、只能束手就擒的大多数人无法领略的境界。

弘一大师的出家动机，显然是以"当断则断"为基础的。然而，这是否意味着大师遁入空门是为了逃避生离死别的痛苦，而急于切断与妻儿、亲友的关系，以求避免所谓的情爱执着呢？从他的一首著名作品中，可看出答案。

当年弘一大师写《送别》这首歌词时，发生了一段动人的故事。弘一大师在俗时，"天涯五好友"中有位叫许幻园的。有年冬天，大雪纷飞，当时的旧上海满目疮痍，一片凄凉，李叔同和好友叶子小姐正在屋中聊天，许幻园站在门外喊出李叔同和叶子小姐，说："叔同兄，我家破产了，我要出去赚钱，天涯路远，咱们后会有期。"说完，挥泪而别，连好友的家门也没进去。李叔同看着昔日好友远去的背影，在雪里站了整整一个小时，连叶子小姐多次的叫声，也仿佛没听见。叶子小姐有些纳闷，问："你为什么不喊住他，以你的条件完全可以资助他呀？"李叔同叹气："有些人，不能强留，有些情，放手反而是尊重。"随后，李叔同返身回到屋内，把门一关，让叶子小姐弹琴，他便含泪写下"长亭外，古道边，芳草碧连天……问君此去几时来，来时莫徘徊"的传世佳作。其实，在李叔同的内心深处，他是不想许幻园走的，可是，他知道，当断不断于事情本身其实并没有什么益处。

生命中有太多的偶然，茫茫宇宙有太多的不确定。我们像鱼儿一样生活在尘网中，越挣扎越紧。回头想一想，我们要做的不是如何冲破这网罗，而是在弘一大师身上取经，学习怎样超脱这张感情尘网，不被它罩住，超脱而大度地面对它。

弘一大师曾经手书门联曰："草藉不除，时觉眼前生意满；庵门常掩，勿忘世上苦人多。"此句中确实有真实滋味，悠远芬芳，淡淡久存。狼藉的杂草堆何以生意盎然？关闭的庵门之内何以是无穷的慈悲？表面的矛盾冲突背后其实是绝对的和谐。

既然缘变无迹可寻，不若娴雅度过一生。

第 12 章

斗魂：
困顿中，唯愿强大

风狂雨急时定得住，
方可拨开云密见日月

【原文】

　　花繁柳密处拨得开，才是手段；风狂雨急时立得定，方见脚根。

【意译】

　　在繁花似锦、柳密如织的美好境遇中，若能不受束缚，来去自如，才是有办法的人；在狂风急雨、挫折潦倒的时候站稳脚根，而不被吹倒，才是真正有原则的人。

【解读】

　　一个真正拥有智慧的人，能够在混乱的局面中做出正确的选择；而一个真正勇敢的人，在面临危机甚至生死的时候能够岿然不动。

　　逆境中，人的情绪会极度消沉，但是不能一直活在逆境的阴影里，我们要学会调整自己的心态，积极地从逆境中吸取教训。这样，即使身处逆境，我们也能保持一种乐观的心态。就如同一句名言：当一切坏得不能再坏，一定就会朝着好的方向发展。

　　史泰龙的父亲赌博成性，母亲是个酒鬼。父亲赌输了，就会打母亲和史泰龙出气；母亲喝醉了也会打史泰龙。

　　在父母的拳打脚踢中，史泰龙渐渐地长大了，但经常鼻青脸肿、皮开肉绽。那条街上的孩子大都与他一样，成天不是挨打就是挨骂。上到高中时，他便辍学了。接下来，街头游荡的日子让他备感无聊，而那些绅士淑女们蔑视的眼光更让他觉得惊心。

　　他一次次地问自己：难道自己一辈子要在别人的白眼中度过吗？

　　在一次又一次的痛苦追问后，他下定决心走一条与父母迥然不同的道路，但自己又能做些什么呢？最后他想到去当演员，这一行既不需要学历也不需要资本，对他来说，实在是条不错的出路。于是，他开始了自己的"演员"之路。他来到了好莱坞，找明星、找导演、找制片，找一切可能使他成为演员的人恳求："给我一个机会吧，我一定会演好的！"很不幸，他一次又一次地被拒绝了，但他并未气馁。每一次被拒绝后，他都认真反省，然后再度出发，寻找新的机会。

在他遭到一千三百多次拒绝后，一位曾拒绝过他二十多次的导演对他说："我不知道你能不能演好，但你的精神让我感动，我可以给你一个机会。终于，幸运女神就在那时对他露出了笑脸。他的第一部电影创造了当时全美最高收视纪录——他成功了！现在，他已经是世界顶尖的电影巨星。

对于史泰龙，他的健身教练哥伦布曾经做出如此评价："史泰龙从来不惧怕失败，他的意志、恒心与持久力都令人惊叹。在逆境中，他善于调整自己的情绪，他是一个行动专家，他从来不让自己情绪低落，从不在消极的思想中等待事情发生，他会主动让事情发生。"

在逆境中无所畏惧者，都有一部血与泪交织着的艰辛奋斗史。现实是残酷的，也正由于残酷，现实才精彩、美丽。只有在失败中不断锤炼，才能锻造出钢铁的品质。正视现实，最重要的就是要正视失败。

"自古英雄多磨难，从来纨绔少伟男"，人们最出色的工作往往是在挫折逆境中做出的。我们要有一个正确的心态来面对困顿，经常保持自信和乐观的态度。挫折和教训看似折磨了我们的肉体，实际上，它却正在提升我们的灵魂，使我们经历种种后变得聪明和成熟，正是失败本身才最终造就了成功。我们要悦纳自己和他人，要能容忍挫折，学会自我宽慰，胸怀坦荡、情绪乐观、满怀信心地去争取成功。

如果能在挫折中坚持下去，挫折实在是人生不可多得的一笔财富。有人说"不要做在树林中安睡的鸟儿，要做在雷鸣般的瀑布边也能安睡的鸟儿"，就是这个道理。逆境并不可怕，只要我们学会去适应，那么挫折带来的逆境，反而会给我们带来进取的精神和百折不挠的毅力。

荣华利禄随风散，
看淡皆是福

【原文】

若富贵由我力取，则造物无权；若毁誉随人脚根，则谗夫得志。

【意译】

如果富贵的生活靠自己一个人的力量就可以轻易取得，那么造物主也就没有什么权力可言了；如果毁坏自己的名誉仅仅靠外人搬弄是非就可以做到，那么那些依靠谗言生存的人就得偿所愿了。

【解读】

"天下熙熙皆为利来、天下攘攘皆为利往"，这一千古名句出自历史上著名的史学家、文学家司马迁的《史记·货殖列传》。用通俗的话解释即：天下熙熙攘攘，人们都是为了利益而往来，为了利益而奔波。从这句话也能看出司马迁对利益、金钱的淡漠。一个人也只有不钻营在利益中，才能避免整个身心被利益驱使，成就一番真正的事业。

有个人问禅师："世上最可怕的是什么？"

禅师说："欲望！"

那个人满脸疑惑。

禅师说："听我讲一个故事吧！"

有一个农民想要买一块地，他听说有个地方的人想卖地，就决定到那里询问一下。

结果那个地方的人告诉他说："只要交上一千两银子，就给你一天时间，从太阳升起的时间算起，直到太阳落下地平线，你能用步子圈多大的地，那些地就是你的了，但是如果不能回到起点，你将不能得到土地。"

那个农民心想："如果我这一天辛苦一下，多走一些路，岂不是可以走很

菜根谭·小窗幽记·围炉夜话（精华版）

大的圈得到很大一块地了吗？这样的生意实在是太划算了！"于是他就和当地人签订了合约。

太阳刚一露出地平线，他就迈着大步向前疾走，到了中午，他的步子一分钟也没有停下，一直向前走着，心里想："忍受这一天，以后就可以享受这一天辛苦带来的回报了。"

他又向前走了很远的路。眼看着太阳快要下山了才往回走，他心里非常着急，因为如果他赶不回去的话就一寸土地也得不到了，于是他抄近路向起点赶去。可是太阳马上就要落下去了，他只得拼命地奔跑。最后，只差两步就要到达起点了，但他的力气已经耗尽，倒在了那里，倒下的时候两只手刚好触到起点的那条线。那片地归他了，可是又有什么用呢？他的生命已经失去了，得到土地还有什么意义呢？

禅师讲完，闭目不语，弟子顿悟。

人的一生其实很简单，可有的时候看起来却过于繁杂。所有的纷扰总结起来只是一个问题，就是面对荣华利禄的诱惑，我们要拥有什么样的心态，以及做出什么样的抉择。拒绝荣华，可能我们面对的将是一种平淡、拮据甚至悲苦的生活，如果选择利禄，那么物质生活丰饶的同时，我们也可能失去真我。

人生不过百年，与其让自己的本心迷失在"万丈红尘"中，不如平淡地看待功名利禄，还生命一个真实，坦荡地面对自己应该走的路。纵然前路颇多不测，但你的坚守注定你已经具备了深厚的根基，你的人格魅力已经幻化成助你翱翔的翅膀，一直飞向成功的彼岸。

做人堂堂正正，
无畏淤泥霜雪侵

【原文】

高士岂尽无染，莲为君子，亦自出于污泥；丈夫但论操持，竹作正人，何妨犯以霜雪。

【意译】

道德高尚的人难道一点没有受到世俗的污染吗？莲花是君子的象征，也同样出自污泥；大丈夫只要坚持自己的操守，像竹子一样堂堂正正地做人，就不怕霜雪的侵袭。

【解读】

在人的一生中，会有许多追求和憧憬，追求真理，追求理想的生活，追求刻骨铭心的爱情，追求金钱，追求名誉和地位。而追求的过程，其实就是一种莲花盛放出于淤泥的历练。没有人可以完完全全地保证自己不被世俗所熏染，但只要自己无论面对任何人、任何事都能堂堂正正、无愧于心，就已然称得上君子所为。

一代大儒王阳明27岁考取进士后，被授予兵部主事一职。管军务的张忠觉得很是不解，王阳明看起来文质彬彬，绝对和兵部那些舞刀弄枪之事毫不相干。

在张忠的带动下，当时很多兵部的人私下里都在传说王阳明依靠关系才谋得这个职位，没有什么真本事，甚至有的人当面嘲讽王阳明，王阳明却不以为意。有了解王阳明实力的人对王阳明说："你不妨找个时机，请请这些人，等大家都熟悉了，也就没人再欺负你了。"王阳明说："如果事事把他人的言论放在心头，那么请客这事恐怕得请一辈子，我行得正，做得明，何必怕人指责"。后来，王阳明获得上司赏识，得到晋升，那些以前诋毁过他的人胆战心惊地上门求见，王阳明笑着说："见就不必见了，我什么事情都未曾放在心上，只要你们以后堂堂正正地为官，多为百姓做事就好。"

王阳明的思想之所以被后人推崇备至，不仅因为他的心学理论让人受益匪浅，他堂堂正正的行事作风也是一个重要的方面。

其实，大凡简单而又能堂堂正正做事的人常有阳光的人生。一个人若时常追求复杂而奢侈的生活，往往不经意间就跌入世俗的苦海，不仅贪欲无度、烦恼缠身，而且日夜不宁、心无快乐。因为复杂往往浪费了宝贵的时间，奢侈极有可能断送美好的人生。反而是那些内心阳光、做事光明磊落的人，每每能找到生活的快乐，因为心无杂念，时时能感觉没有虚度每一天。平凡是人生的主旋律，堂堂正正做人则是生活的真谛。

人之所以不快乐，杂念丛生，追根究底就是因为我们自己不能够活得光明正大。不要去刻意追求什么，不要向生命索取什么，不要为了某些目的去给自己塑造形象，粉饰内心的真实想法，其实，堂堂正正做人本身就是一种阳光之态。对于别人内心的想法我们过多揣测也无能为力，徒然惹自己心疑。对于一些现象，我们杞人忧天也好，小心应对努力迎合也罢，到头来对于事情毫无帮助。所以我们不如堂堂正正地对待周围的一切，过单纯的生活，做快乐的自己。

看鸢飞鱼跃，
察觉生活的美好

【原文】

　　霜天闻鹤唳，雪夜听鸡鸣，得乾坤清绝之气；晴空看鸟飞，活水观鱼戏，识宇宙活泼之机。

【意译】

　　在秋霜之日听闻仙鹤的唳鸣，在寒冷的雪夜里听闻金鸡报晓，可以获得天地间清净高雅的气韵，仰望晴朗的天空看鸟儿飞翔，俯观水中看鱼儿嬉戏，可识天地活泼的生机。

【解读】

现代社会，生活节奏越来越快，各种压力纷至沓来：考试升学的压力，就业的压力，职场中的压力，来自恋人的压力，来自父母的压力，来自子女的压力，来自房子、车子与更高级毕业证书的压力，来自健康的压力……面对诸多压力，很多人常常控制不住自己的情绪，结果不仅自己失态，还给周围的人造成很不好的影响。

40岁的阿利是一位高级主管，他的好脾气在单位是出了名的。不过，最近部门的销售形势出现了"瓶颈"，尽管大家都很卖力，但业绩方面还是"吃白板"，阿利也渐渐控制不住自己的情绪了。

有一天，总经理关起门，"和颜悦色"地给他上起了销售培训课，虽然没有一句训斥的话，可他还是觉得脸上挂不住。恰巧，工作一向认真的助理丽丽把一份报告打错了，于是一股无名之火窜了上来，他拍着桌子，把报告扔到了丽丽头上。小姑娘眼泪滴滴答答地往下流，他仍然扯着嗓子不罢休！后来冷静下来，他自己觉得非常失态，很是懊悔。

快节奏的生活给现代人的情绪带来了恶劣的影响。人们肯定都有过这样的体会：莫名其妙地发脾气、烦躁，看什么都不顺眼；坐公交车、地铁，别人不小心踩了你的脚，你就像找到发泄的渠道一样，跟人大吵一架……其实，这些坏情绪都是压力带给你的，当压力越来越大，你的情绪就越来越差。然而，这还不是最可怕的，一旦压力超过了你的心理承受极限，大脑神经系统功能就会混乱，出现失眠、头痛、焦虑、心慌、胃部不适等精神症状和躯体症状，进而引发身体疾病。

其实为了应对生活，古人也会面对这样或者那样的烦恼，所以，《小窗幽记》中才会一再地劝诫众人学会在小事上排解压力，看到生机。也就是说，多去发现身边的正能量，找到能让自己心喜的小方法，哪怕一朵小花、一片初春刚刚萌芽的绿叶，都会让人觉察到生活的美好。生活并不全是负面的内容，它也在用独有的方式，回报给我们热情。

老子在《道德经》中说："天地不仁，以万物为刍狗。"人生在天地之间，就要面临各种各样的压力，这些压力对人形成一种无形的折磨，使很多人

菜根谭·小窗幽记·围炉夜话（精华版）

觉得人生在世就是一种苦难。

其实，我们不必这么悲观，生活中有各种各样折磨人的事，但是生命还是一直在延续，人类也一直在前进。当我们回过头来再去看的时候，就会发现，生命历经磨难以后，反而更加欣欣向荣。

事实就是这样，没有经过风雨磨难的禾苗永远不能结出饱满的果实，没有经过磨难的雄鹰永远不能高飞，没有经过磨难的士兵永远不会当上元帅，没有被老板、上司"折磨"过的员工也永远不能提高业务能力……这就是自然界告诉我们的一个很简单的道理，一切事物如果想要变得更强，就必须经受折磨。

当我们把那些曾经视为苦难的日子捱过，若干年后，再想起当初，就可以换一种视角去解读那时的不易与辛酸，偶尔也会发现其中蕴藏着亮点，或者是友人的一句安慰，或者是家人的一点理解，让我们在困顿中有了拼搏的动力与斗志。正如《小窗幽记》中所说，古人在秋霜之日闻仙鹤的唳鸣，在寒冷的雪夜听金鸡报晓，就算生活给予我们风霜严寒，苦难相伴，只要我们不放弃，那么这一切皆是暂时困住我们的假象。努力给生活寻找一抹亮色，我们总会有守得云开见月明的光景。

胸有大局，
不拘小见

【原文】

轻财足以聚人，律己足以服人；量宽足以得人，身先足以率人，必能忍人不能忍之触忤，斯能为人不能为之事功。

【意译】

淡泊金钱就足以聚集人才，严格要求自己就足以令他人信服；气量宽阔足以得到别人的帮助，身先士卒足以率领他人，这样必然可以容忍忍受常人难以忍受的痛苦，做一般人不能做的事。

【解读】

"吃得苦中苦，方为人上人。"这其中的"吃苦"，并不是只拥有坚定的意志就可以做到，更重要的是有大局观，有长远的眼光，有必要之时牺牲的勇气。而将这些融于心胸，就是一种忍耐。

气度往往决定着一个人的生活走向，同时也代表着一个人的胸襟，胸襟足够宽广的人才能承受足够分量的成就。人的度量，千人千面，因此人们的事业状况千差万别。然而，为什么成功者在少数，平庸者在多数？无数人想要寻求的答案其实很简单，因为成功的人往往已经掌控了自己宽大的内心，他们敢于担当，勇于接纳，他们具备"将军额上能跑马，宰相肚里能撑船"的豁达大度。他们能够成为事业上的"宰相"，因为他们深知一个道理：气度决定一个人的格局，格局决定了事业的结局。

著名爱国实业家、杰出的社会活动家、全国政协原副主席……这是笼罩在霍英东先生头上的耀眼光环。透过这些光环，我们能清晰地看到一个有着人生大格局、生命大境界的大写的"人"字。

霍英东幼年时家境贫寒，7岁前"连鞋子都没穿过"。他的第一份工作，是在渡轮上当加煤工……贫寒成了霍英东人生起步的第一课。后来，他靠着母亲的一点积蓄开了一家杂货店。之后，他看准时机经营航运业，在商界崭露头角。1954年，他创办了立信建筑置业公司，靠"先出售后建筑"的竞争要诀，成为国际知名的香港房地产业巨头、亿万富翁。他的经营领域从百货店拓展到建筑、航运、房地产、旅馆、酒楼、石油等方面。

霍英东叱咤商界半个世纪，他懂得如何经商，更懂得如何做人："做人，关键是问心无愧，要有本心，不要做伤天害理的事……"成为巨富后，霍英东从未忘记回报社会："……今天虽然事业薄有所成，也懂得财富是来自社会，应该回报于社会。"他在内地投资、慷慨捐赠，却自谦为"一滴水"："我的捐款，就好比大海里的一滴水，作用是很小的，说不上是贡献，这只是我的一份心意！"只有拥有人生大格局的人，才能拥有这样一份博大的"心意"。

所谓君子坦荡荡，霍英东上街，从不带保镖。他的内心，就是这般潇洒、坦荡、伟岸、超然。霍英东在晚年有一句话给人印象特别深刻："我敢说，我从来没有负过任何人！"这句话，他不假思索地脱口而出，"一副满不在乎、轻描淡写的神情，既不带半点自傲与自负，也不显得那么气壮如牛"。

是的，霍英东的超然气度，让他拥有了旷达的格局，格局让他的事业在成功的海洋中如鱼得水。只有拥有心灵、精神大格局的人，才能成为大企业家、大社会活动家、大实践家，才是具有宽阔胸怀和博大人格的大写的"人"。只有这样的人，才有深刻的人生使命感、崇高的社会责任感，才有人格大魅力，才有人间大眼界，才能屹立在历史的正前方，赢得世人的敬仰。

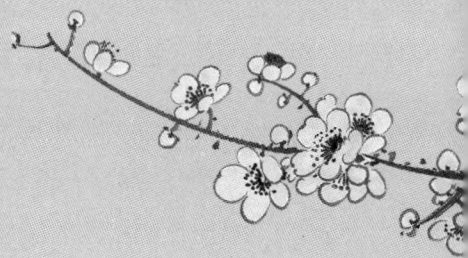

第 13 章

善念:
望我天真如初

可爱人是可怜人，
可恶人是可惜人

【原文】

　　天下可爱的人，都是可怜人；天下可恶的人，都是可惜人。

【意译】

　　天下那些可爱的人，一定是为他人献身，忘记了自己，众人为其留下感动的泪，但他们的境况有时很窘迫，甚至很可怜；天下那些可恶的人，有才华，不用正道，浪费了自然资源，这是很可惜的。

【解读】

　　我们在日常生活中，都非常喜欢接近可爱的人，他们大多善解人意，心胸宽广，凡事愿意为他人着想，情商很高。然而，不可否认的是，我们身边同样也有着令人讨厌的人，他们说不上十恶不赦，可无论其语言还是行事，都让人避之唯恐不及。

　　不过，世间的事从来都没有那么绝对，就如同《小窗幽记》中一再提示，天下可爱的人，都是可怜人，天下可恶的人，都是可惜人。如果我们能心怀善念，肯预留时间去感受或者倾听他人的故事，也许就会发现，原来，我们亲眼所见的人的性格是他内心曾经遭受过煎熬的折射，恶人可能受过很大的伤害，而好人也许曾经也坏过。

　　她是整个幼儿园教师队伍中的灵魂人物，园长赏识，同事佩服，很多家长为了能让孩子得到她的教导而提前一年报名。她不仅工作热情，对待孩子更是细心而周到。每逢新入园的孩子哭闹，她便抱着孩子在院子中来回地走，偶尔从口袋中拿出一粒糖果逗孩子开心，只为了孩子能早点适应新的环境。这一点，除了妈妈又有几个人可以做得到？

　　区里评选优秀教师，园长把她的资料上报，可谁也没想到，她百般拒绝未果后，竟然发火了，说什么都不要这个优秀教师的名额。她一直说，我不配，真的不配。当时，大家都以为她是谦虚。

　　一次，又一个年轻的妈妈带着孩子慕名而来。可没想到，办完入园手续后，年轻的妈妈看到她，竟然呆住了，然后狠狠地朝着地上吐了一口唾沫，强烈要求给孩子办离园，并且扔下狠话："要知道是她，我打死也不会来。"所有人都诧异，反而是她红了脸，不知道该说什么才好。

　　后来，她找到园长嚎啕大哭，请求离职。在园长的问询下，她说出了一个内心的秘密："原来，早年间她的叔叔办了一家幼儿园，那个时候的她才十几岁，经常放假的时候去帮忙照顾孩子。年幼无知的她经常欺凌那些孩子，这个年轻的妈妈就是当年大班的学生，因为顽皮，被她一巴掌掴在脸上。"虽然对方家长没说什么，可是，随着她年岁渐长，她终于醒悟，对当年自己的所为十分愧悔。

　　最终她选择了幼教专业，用她的话说，她是在为当年做过的事情赎罪。园长握住了她的手，劝她留下来。当初的恶，让她幡然悔悟，也成就了她今日的好。

　　其实，认真思量，我们每个人在人生的旅途中，都曾经有过偶尔闪现的恶念，只不过有的人会用理智遏制，而有的人就会任其持续发酵，但追根究底，都有着各自不同的因由。

　　所以要相信人性本善，用善念去看待他人，也成全自己。无论我们在世上经历了什么磨难，遇到了什么坎坷，都试着开解自己，告诉自己那不过是偶尔出现的一个意外，一段插曲。切不可就此因噎废食，心怀戒备，开始带着怀疑的目光去工作、生活。

　　人生若只如初见，不如让我们带着善念，不忘初心，那么，生活会在我们的善意中变得越来越美好。

他人种德施惠，
是无位之公卿

【原文】

平民种德施惠，是无位之公卿；仕夫贪财好货，乃有爵之乞丐。

【意译】

一般的百姓若能多做善事，施惠与人，虽然并无官位，其心却可比公卿。在朝的官员若贪污图利，虽有地位，其心却如同乞丐一般。

【解读】

在播种道德和施加恩惠面前，没有王侯公卿和平民百姓之分。若能多做善事，施惠于人，即便只是平民，在百姓心目中的地位也等同于王侯公卿。而作为官员，如果心地不良善，不肯为他人着想，一心谋求私利，他的人格就会遭受鄙视，甚至不如沿街乞讨的乞丐。

《小窗幽记》中的这段话，实际上是在指点我们，心存善念，是不存在地位界限的。无论是谁，只要内心善良，肯为他人着想，那么，他就是无冕之王，受人尊敬。

古时候，有一个男子坐在一堆金子上，伸出双手，向每一个过路人乞讨着什么。

方圆禅师走了过来，男子向他伸出双手。

"你已经拥有了那么多的金子，还在乞求什么呢？"方圆禅师问。

"唉！虽然我拥有如此多的金子，但是我仍然不幸福，我乞求更多的金子，我还乞求爱情、荣誉、成功。"男子说。

方圆禅师从口袋里掏出他需要的爱情、荣誉和成功，送给了他。

一个月之后，方圆禅师又从那里经过，那男子仍然坐在一堆黄金上，向路人伸着双手。

"孩子，你所求的都已经有了，难道你还不幸福吗？"

"唉！虽然我得到了那么多东西，但是我还是不幸福，我还需要快乐和刺激。"男子说。

方圆禅师把快乐和刺激也给了他。

一个月后，方圆禅师又见那男子坐在金子上，向路人伸着双手——尽管有爱情、荣誉、成功、快乐和刺激陪伴着他。

"你已经拥有了你想要的，你还乞求什么呢？"

"唉！尽管我已拥有了比别人多得多的东西，但是我仍然不能感到幸福，老人家，请你把幸福赐给我吧！"男子说。

方圆禅师笑道："你需要幸福吗？孩子，那么，请你从现在开始学着付出吧。"

方圆禅师一个月后从此地经过，只见这男子站在路边，他身边的金子已经所剩不多了，他正把它们施舍给路人。

他把金子给了衣食无着的穷人，把爱情给了需要爱的人，把荣誉和成功给了惨败者，把快乐给了忧愁的人，把刺激送给了麻木冷漠的人。现在，他一无所有了。

看着人们接过他施舍的东西，满含感激而去，男子笑了。

"现在你拥有幸福了吗？"方圆禅师问。

"拥有了！拥有了！"男子笑着说，"原来，幸福藏在善念的怀抱里啊。当我一味乞求时，得到了这个，又想得到那个，永远不知什么叫幸福。当我肯为他人着想时，我为我自己人格的完美而自豪，而幸福，为我对人类有所奉献而自豪，而幸福，为人们向我投来感激的目光而自豪，而幸福。"

海伦·凯勒曾说："任何人出于他的善良的心，说一句有益的话，发出一次愉快的笑，或者为别人铲平粗糙不平的路，这样的人就会感到欢欣是他自身极其亲密的一部分，使他终生去追求这种欢欣。"的确，在生活中，从一个表情、一句问候、一个眼神、一件小事开始，学会付出，充满善意地看待这个世界，幸福和快乐会时时与我们相伴。

天真如初，
惟恕可以成德

【原文】

惟俭可以助廉，惟恕可以成德。

【意译】

只有节俭可以使人廉洁奉公，只有宽容可以使人养成好的品德。

【解读】

生活中，当遇到不公正的对待时，很多人会有这样的想法，只有我们不宽恕对方，让对方没有好日子过，自己才算出了气。但是事实上，不原谅别人，表面上是对别人不利，其实最后真正倒霉的是我们自己，生了一肚子窝囊气不说，甚至连饭都吃不好、觉也睡不香。这样看来，对别人的怨愤反倒成了对自己内心的一种摧残。

有一位好莱坞的女演员，失恋后，怨恨和报复心使她的面孔变得僵硬而多皱，她去找一位最有名的化妆师为她美容。这位化妆师深知她的心理状态，中肯地告诉她，"你如果不消除心中的怨和恨，我敢说全世界任何美容师也无法美化你的容貌"。

女演员问："那我该怎么做？"化妆师告诉她："消除掉心中的怨恨，发自内心地去善待每一个你身边的人。"结果，女演员发现，这么做实际上宽容的是她自己，因为她再也不用陷入纠结的痛楚中，而又重新绽放出笑颜。

当我们被痛苦折磨得筋疲力尽时，不妨秉持宽容心态，学着宽恕，忘记怨恨，善待一切。与其咒骂黑暗，不如在黑暗中燃起一支蜡烛。忘记怨恨能让你告别过去的灰暗情绪，重新变得积极乐观起来。

英国作家乔治·赫伯特说："不能宽容的人损坏了他自己必须去过的桥。"这句话的智慧在于，宽容使给予者和接受者都受益。当真正的宽容产生时，没有疮疤留下，没有伤害，没有复仇的念头，只有愈合。宽容是一种医治的力量，不仅能医治被宽容者的缺陷，还可以挖掘出宽容者身上的伟大之处。

仇恨是带有毁灭性的情感，只会激化矛盾，酿成大祸。宽恕和善念却能轻易将恨意化解，让紧张的气氛变得温情脉脉。能以宽容心态对待敌对方，已经可以称得上圣洁了。即便一个普通的人，也因这份宽恕，而有了伟大的德性。

有智慧的人，不会对"仇人"恨之入骨。每个人站的角度不同，考虑的事情自然有所差异，不管想法和你是否接近，每个角度的"出发点"自有它存在的理由。我们应该学会宽容：把自己当成别人，站在对方的角度去感受对方的情感；把别人当成自己，像对待自己一样对待别人；把别人当成别人，我们无法强求别人改变，只能去理解别人；把自己当成自己，我们的一切理解和包容并非为了别人，而是为了自己，设身处地地包容别人，其实也是在包容我们自己。

生活中，我们难免与别人产生误会、摩擦，如有人伤了自己的面子，有人让自己下不了台，有人当众给自己难堪，有人对自己有成见等。如果不注意，仇恨便会悄悄生长，你的心灵就会背上报复的重负而无法获得自由，唯有宽恕并善待他人，才可成就我们自己的德行，从此成为一个内心纯净、光明磊落的人。

不做欺世小人

【原文】

　　宁为随世之庸愚，勿为欺世之豪杰。

【意译】

　　宁可做一个顺应世人、平庸愚笨的人，也不要做一个欺骗世人、才智高超的人。

【解读】

世间的人尽管多种多样，但大体上无非是两类。一类是那些平平庸庸的凡人，一类是那些所谓做大事的豪杰。凡人因为见识短浅，而又财力匮乏，所以不会干出什么大好事或者大恶事，然而，就是这些平凡的小人物，因为他们心怀善念，所以，他们做出来的一些并非丰功伟业的事迹，反而会直抵人心，令人动容。

1944年冬天，苏军已经把德军赶出了国门，成百万的德国兵被俘虏。每天都有一队德国战俘面容憔悴地从莫斯科大街上穿过。围观者大部分是妇女。她们每一个人都和德国人有着一笔血债，甚至可以说是血海深仇。妇女们怀着满腔仇恨，当俘虏们出现时，她们把手攥成了拳头。士兵和警察们竭尽全力阻挡着她们，生怕她们控制不住自己的冲动。

这时，最令人意想不到的事情发生了：一位上了年纪的犹太妇女，从怀里掏出一个用印花布方巾包裹的东西。里面是一块黑面包，她不好意思地把这块黑面包塞到了一个疲惫不堪的、两条腿勉强支撑着的俘虏的衣袋里。

她转过身对那些充满仇恨的同胞们说："当这些人手持武器出现在战场上时，他们是敌人。可当他们解除了武装出现在街道上时，他们是跟所有别的人，跟'我们'和'自己'一样具有共同外形、共同人性的人。也许，他们是我们的儿子，也许他们是我们的亲戚，想想吧，我们要怎么对待他们？"于是，整个气氛改变了。妇女们从四面八方一齐涌向俘虏，把面包、香烟等各种东西塞给这些战俘。

这些在炮火纷飞中都没有退缩的战士，此时却哭成了一片，他们对着每一位百姓深深地鞠躬，发自内心地忏悔。

生逢盛世，也许我们每个人都没有机会去做一名威名震天的豪杰，但是，就算做一名普普通通的"路人甲"，我们仍旧肩负着自己的使命，那就是做一个善良的人。也许有人会说，作为一个平民百姓，如果没有雄厚的物质基础，说什么都显得苍白无力。《小窗幽记》中对此有过深入的解读，"平民肯种德施惠，便是无位卿相"，只要心怀善念，就算我们没有钱，没有地位，在人格上，我们仍不逊色于任何人。

世上确实有金钱达不到的境地，那就是善良的心灵。不为外力所扰，做一个心肠柔软、坦坦荡荡的自己，才能在一茶一饭、一花一草中，体味那最简单的快乐。

不作风波于世上，
自无冰炭到胸中

【原文】

　　不作风波于世上，自无冰炭到胸中。

【意译】

　　不对人世间的欲望作无尽的追求，既没有受挫折时寒冷如冰的感觉，也没有追求时热烈如炭的心情。

【解读】

　　如果一个人的欲望太大，就会整日被自己的欲望所驱策，那么，他一定会忘记初心，好像胸中燃烧着熊熊的欲望之火。无论做什么事，都有着一种不达目的誓不罢休的凶狠，而一旦受到了挫折，又好像掉入寒冷的冰窖中，难以自拔。

　　我们当初呱呱坠地之时，原本有着一颗善良而单纯的内心，可经过岁月的洗礼与沉淀，我们的心中多了许许多多的欲望，而在我们试图达成这些欲望的同时，我们渐渐忘记了维护内心的善念，久而久之，我们整个身心遭受了欲望的侵蚀，而浑然忘了善良的初心。

　　古天乐是香港著名影星。在众人眼中，他就算以后不再拍戏，也可以持续地过最奢靡的日子，一直到老。然而，他却一直在拼搏，也有记者曾经问他："你像个拼命三郎一样地卖力拍戏到底是为什么？"他笑笑，却不回答。自此，有的人暗自腹诽，说他赚钱不要命，这辈子只认钱，认名，认利。直到偶然间，一个记者去调查国内若干希望小学的捐助者，发现古天乐的名字赫然在列，他竟然默默地捐助了上百所希望小学。从此，再也没有人在背地里说过他，大家都对他的善心肃然起敬。

　　丽莎·茵·普兰特曾经说过："欲望不一定美，但欲望成功后所创造出的善行一定是最美的。"

当我们抱怨生活给予我们不够多的时候，当我们因欲望得不到满足而心灰意冷的时候，我们应该感悟到，幸福的最大阻碍并非来自任何具体的对手，而是将自我的善念消磨在无尽的欲望心狱中。

有些人命运不济，与其说是运气差，不如说是欲望作梗。放下欲望，就能减少消耗，节约生命成本；克服欲望，就将不再贪婪，享受生活之从容。

不作风波于世上，自无冰炭到胸中。人行于世，必须有"圣人般善良的阳光心境"，才能无风波于世，无冰炭于胸。否则，人只能在世间随波逐流，跟随着众人行走于声色名利之中，埋没原本善良的天性，那样，必然永远没有快乐的那一天，醒悟的那一天。因此，不妨试着规划一下，把欲望降至最低，从小事做起，去寻找属于自己初心的那一份善念。

第 14 章

孤身：
世间的美好，唯你而已

冷暖自知，
会心处何妨独赏

【原文】

　　花开花落春不管，拂意事休对人言；水暖水寒鱼自知，会心处还期独赏。

【意译】

　　花开花落春风并没有心思去管，所以自己遇到不顺心的事情不要去对他人谈；水暖水冷鱼儿自己心里最明白，所以心领神会的地方还是自己欣赏为好。

【解读】

　　人生变化无常，大自然是无情的，人只有顺应自然规律，才能游刃有余。识本心，见本性，不起妄缘，无心无为，才能自由自在，动静自如。

　　其实所有人的人生都是一样的，有圆有缺有满有空，这是我们不能选择的。但我们可以选择看人生的角度，多看看人生的圆满，然后带着一颗快乐、感恩的心去面对人生的不圆满。爱恨情仇，不过是个人的经历而已。烦心事，休对人提，动心事，休对人讲，冷暖自知，喜悲自受。只因这个经历的过程，无人可替代，无人可破解，唯有自心看透，方算圆满。

　　人生在世，每个人都会从自己的哭声中来，在别人的哭声中离去。在物欲膨胀的今天，生活在五光十色中的现代人，常常为欲望而感受人生之累，为欲望而感受人生之短暂，又因欲望平添许多不必要的烦恼，往往抱怨、诉苦、挣扎、嫉妒、愤慨，甚至仇恨他人。其实，说到底，自己的人生之路只能自己走，旁人从来无处插手。唯有喜时自知，悲时自勉，才能把人生这条路独自走得顺畅。烦恼来自我们自身，来自我们自己的人生欲望，而非来自他人。春江水暖吾自知，情浓情薄我自守，与他人无关，更不与他人说起。不与烦恼纠缠，凡事休对人言，才不会徒增烦恼，扰人清梦。

　　从前，托蒂是个电影导演，一个只知道从早忙到晚、不会享受片刻安宁的工作狂，一个只想用工作来填满自己生活中分分秒秒的人。而现在，他似乎变成了另一个人。对于眼下每一刻能够享受的幸福时光，他都在心底由衷地感谢一位名叫莱娜的年轻女子。

认识莱娜还是10年前春天的事。那时，曾经与病魔作了四年不懈斗争的她坚信自己已经战胜了缠身已久的绝症，并且开始着手计划未来美好的蓝图。托蒂想用一部电影来表现她积极抗病、顽强求生的治疗过程，以此证明一个被顽症缠身的人也能乐观积极地生活。

没想到，莱娜旧疾复发，时日无多。

放下电话，托蒂立刻带上摄影师和录音师赶到她家。她正坐在一张藤椅里，微笑着迎接他们。也许由于心情紧张，托蒂一时有些手足无措，莱娜倒显得异常平静。"我享受着每一天宝贵的时光，好像从来没有这么意识强烈、全身心投入地体验眼下的一切美好事物，包括我们现在的会面。"她的声音清晰愉悦，真诚、坦率地向他展开她全部的内心世界。

在莱娜去世前的几天，托蒂曾经问她："假如命运允许你重新活一次，你愿意做些什么呢？"她的回答给他的生活开启了一个全新的方向。

"我愿更多地和我自己生活在一起。每一天都要为自己留出一段可以独处的宝贵时光，更有意识地去观察和体验自我和身处的环境。"

原来，在独赏的时光里，人不仅能更好地认识自我和周围的环境，还能收获宁静淡泊的美妙感觉。珍惜每一刻独处的快乐时光，不为今天的失落而烦恼，不为明朝的得失而忧愁，淡泊名利，志愿高洁，朴实无华，随遇而安，凡事顺其自然。我们要喜欢这种恬然宁静的心境，享受这种简单而平静的平淡生活。

可以漫步到江边，伫立在无声的空旷中，感受一份清灵。让心灵远离尘嚣纷乱的世界，默默地体验花香，聆听鸟鸣。欣赏自然带给我们的乐趣，静静地沉浸在自己的遐想中，不要谁来做伴，只有自己，在这时我们是最真实的。抬头仰望天边云卷云舒，让心随着自己无边的思绪飘飞。此时，这个世界属于我们，我们也拥有了整个世界。

三省吾心，
形劳而神逸

【原文】

寂而常惺，寂寂之境不扰；惺而常寂，惺惺之念不驰。

【意译】

在寂静的状态当中，要常保持醒觉，但以不扰乱寂静的心境为优先；在觉醒的状态当中，也要常保持寂静，使得心念不致于奔驰而收束不住。

【解读】

每个人都希望自己的生活过得一帆风顺，轻轻松松，简简单单，然而生活却有重重压力。例如追求的失落、奋斗的挫折、情感的伤害等，都让我们的心灵背上了重重的负荷。面对压力，要想获得达观的心态，有一个最重要的方法，那就是注意为自己的心灵留下适当的空白，使自己的内心保持一定的余裕。

心若改变，你的态度跟着改变；态度改变，你的习惯跟着改变；习惯改变，你的性格跟着改变；性格改变，你的命运跟着改变。只有一日三省吾心，虽形劳而神逸，因为在这反省的过程中，你收获的是看透、放下和释怀。

终南山出产一种幸福藤，凡是得到此藤的人，一定会笑逐颜开，不知道烦恼为何物。曾经有一位年轻人，为了得到无尽的幸福，不惜跋山涉水来到终南山。在历尽千辛万苦地搜寻后，他终于得到了这种藤，但他仍然不幸福。这天晚上，他在山下的一位老人家里借宿，面对皎洁的月光，不禁慨然长叹。他问老人："为什么我已经得到了幸福藤，却仍然不幸福？"老人一听乐了，说："其实，幸福藤并非终南山才有，而是人人都有，只要你有幸福根，无论走到天涯海角，都能找到幸福。"老人的话让年轻人耳目一新，就又问："什么是幸福的根？"老人就说："心是幸福的根。"年轻人恍然大悟，最后笑了。

内心的幸福才是永远。生活本身是很简单的，幸福也很简单，只是人们把它想得太复杂了，或者人们自己太复杂了，所以往往感受不到简单的幸福。生活中如果我们都努力地放下沉重的包袱，不为贪婪所诱惑，择精而担，量力而行，这样的人生自然也就是幸福的。

生活中的每一天，人们都在用心去想，用心去感受，用心去感恩。人们对于心也特别关注，努力地让心舒服，让心快乐，让心变得无忧无虑。如果人们哀愁满面，找不到快乐的源泉，那只能是因为他的心出了问题，才丢失了幸福和快乐。

心态决定一个人的命运。有什么样的心态，就有什么样的人生。拥有好心情，才能欣赏到好风光。

成功学大师卡耐基曾在拉赖因号轮船上做过一次演讲。他在演讲中说道，"当你感觉到内心有压力和烦恼时，不妨走到船尾去，把烦恼的事一一说出，然后把它们抛掷到汪洋大海中，注视着它们直到它们消失不见。"这个建议乍听起来仿佛有一点荒诞和幼稚，但是当晚却有一个人跑来对他说："我按照你的话去做了，结果觉得心中非常舒畅，这实在是件令人吃惊的事呀！"这人还继续说道："待在船上的这段时间里，我将天天在日落的时刻，把一切恼人的烦忧抛入大海，直到自己觉得完全没有一丝烦恼为止。同时我将日日注视着这些烦恼消失于时间的大海里！"

无论生活中的事多么繁杂，我们都应在尘世的喧嚣中，找到一份不可多得的静谧，在疲惫中让自己的心灵小憩，让自己属于自己，让自己解剖自己，让自己鼓励自己，让自己做回自己……

沧海横流，
英雄有真本色

【原文】
　　蒲柳之姿，望秋而零；松柏之质，经霜弥茂。

【意译】

蒲柳的资质差，一到秋天就凋零了；松柏质地坚实，经历过秋霜反而更加茂盛。

【解读】

在人的一生当中，总会遇到许多不如意的事情：失业、失恋、离婚、破产、疾病等。即便你比较幸运，没有遭遇以上那些不如意的事，你也可能要面临升学压力、工作压力、生活压力等各种烦心事，这些事在人生的某一时期萦绕在你的周围，时时刻刻折磨着你的心灵，使你寝食难安，抱怨不已。

然而，你若想解决那些困扰你的难题，首先应该拥有一种笑对难题的心态，懂得这样一个人生道理：唯有经历各种各样的折磨并懂得感谢这些磨难，生命的厚度才能得以拓展。

有个渔夫有着一流的捕鱼技术，被大家尊称为"渔王"。依靠捕鱼所得的钱，"渔王"积累了一大笔财富。然而，年老的"渔王"非常郁闷，因为他的儿子捕鱼技术很差。

于是他经常向人倾诉心中的苦恼："我真想不明白，我捕鱼的技术这么好，我的儿子们为什么这么差？我从他们懂事起就传授捕鱼技术给他们，从最基本的东西教起，告诉他们怎样织网最容易捕捉到鱼，怎样划船最不会惊动鱼，怎样下网最容易请鱼入瓮。他们长大了，我又教他们怎样识潮汐、辨鱼汛……我将多年辛辛苦苦总结出来的经验都毫无保留地传授给他们，可他们的捕鱼本领竟然赶不上技术比我差的其他渔民的儿子！"

一位路人听了他的诉说后，问："你一直手把手地教他们吗？"

"是的，为了让他们学会一流的捕鱼技术，我教得很仔细、很耐心。"

"他们一直跟随着你吗？"

"是的，为了让他们少走弯路，我一直让他们跟着我学。"

路人说："这样说来，你的错误就很明显了。你只是传授给他们技术，却没有传授给他们教训。对于才能来说，没有教训与没有经验一样，不能使人成大器。"

是啊，渔夫的儿子从来都没有经受一点挫折，他们怎么会获得成长呢？

老子在《道德经》中说："天地不仁，以万物为刍狗。"人生在天地之间，就要面临各种各样的压力，这些压力对人形成一种无形的折磨，使很多人

菜根谭·小窗幽记·围炉夜话（精华版）

觉得人生在世就是一种苦难。

其实，我们不必这么悲观。只有历经磨难的人，才懂得对上帝的美妙赐予抱持感恩心态，更快、更好地成长。生活，可以在磨难中得到升华。

在人生的岔道口，若你选择了一条平坦的大道，你会有一个舒适而快乐的人生，但你就会失去许多很好的历练机会；若你选择了坎坷的小路，你的人生也许会充满痛苦，但生命的多姿也会向你绽放。

世上本无事，
庸人何必自扰

【原文】

宇宙内事，要担当又要善摆脱。不担当，则无经世之事业；不摆脱，则无出世之襟期。

【意译】

世间的事，既要能够担当，又要善于解脱。若是不能担当，便无法改善世间的事业；如果不善解脱，则难有超世的胸怀。

【解读】

在成长的过程中，很多人因为遭受来自社会、家庭的议论、否定、批评和打击，慢慢冷却了奋发向上的热情，逐渐丧失了信心和勇气，对失败惶恐不安，变得懦弱、狭隘、自卑、孤僻、害怕承担责任、不思进取、不敢拼搏。事实上，他们不是输给了外界压力，而是输给了自己。很多时候，阻挡我们前进的不是别人，而是我们自己。因为怕跌倒，所以走得胆战心惊、亦步亦趋；因为怕受伤害，所以把自己裹得严严实实。殊不知，我们在封闭自己的同时，也封闭了自己的人生。

世界上最难攻破的不是那些坚固的城池，而是人为自己编织的"心狱"。只有冲出心狱，不让琐事占据心灵，才能减少烦恼，自在安然。

一个人在他25岁时因为被人陷害，在牢房里待了10年。后来沉冤昭雪，他终于走出了监狱。出狱后，他开始了几年如一日的反复控诉、咒骂："我真不幸，在最年轻有为的时候竟遭受冤屈，在监狱度过本应最美好的一段时光。那样的监狱简直不是人居住的地方，狭窄得连转身都困难，唯一的窄小窗口里几乎看不到阳光；冬天寒冷难忍，夏天蚊虫叮咬……真不明白，上帝为什么不惩罚那个陷害我的家伙，即使将他千刀万剐，也难解我心头之恨啊！"

75岁那年，在贫病交加中，他终于卧床不起。弥留之际，牧师来到他的床边："可怜的孩子，去天堂之前，忏悔你在人世间的一切罪恶吧……"

牧师的话音刚落，病床上的他声嘶力竭地叫喊起来："我没有什么需要忏悔，我需要的是诅咒，诅咒那些造成我不幸命运的人……"

牧师问："您因受冤屈在监狱待了多少年？离开监狱后又生活了多少年？"

他恶狠狠地将数字告诉了牧师。

牧师长叹了一口气："可怜的人，你真是世上最不幸的人，对你的不幸，我真的感到万分同情和悲痛！他人囚禁了你区区10年，而当你走出监牢本应获取永久自由的时候，你却用心底的仇恨、抱怨、诅咒囚禁了自己整整40年！"

现实生活中，有不少人和故事中的人一样，给自己编织"心狱"：别人做得不对，就一味地诅咒、仇恨；自己做错了一丁点儿事情，就念念不忘，责备自己的过失；有些人总是唠叨自己的坎坷往事、身体疾病，或抱怨自己的不平待遇和生活苦难；有些人还喜欢用自己不懂的事情塞满自己的脑袋，把一些不相干的事与自己联系在一起，造成了心理障碍。殊不知，对那些过去的往事、不平的经历，甚或想不明白的事情，一味地责怪和抱怨是于事无补的。如果总是对想不通、想不开的事情耿耿于怀，就很容易使自己失去判断能力，最后被囚禁的就是自己的整个人生。

有句话这样说："自己把自己说服了，是一种理智的胜利；自己被自己感动了，是一种心灵的升华；自己把自己征服了，是一种人生的成熟。大凡说服了、感动了、征服了自己的人可以凭借潜能的力量征服一切挫折、痛苦和不幸。"其实，许多人的悲哀不在于他们运气不好，而在于他们总爱给自己设定许多条条框框，这种条框限制了他们想象的空间和奋进的勇气，模糊了他们前

菜根谭·小窗幽记·围炉夜话（精华版）

行的航向和人生的追求。他们看似一天到晚忙个不停，实际上已经被套上了可怕的枷锁，注定碌碌无为。可见，敢于打破自我设定的障碍，冲出自己的"心狱"，多一点阳光，多一点豁达，就会发现，世上本无事，庸人才会自扰。

　　打开心窗，抛开一切琐事，心才能够通达，心灵的视觉才会清晰。一栋房子如果没有窗户，温暖的阳光就无法照进来，新鲜的空气也不能飘进来。人也如此，"心窗"没有打开的时候，就会感到气闷；"心窗"打开了，心才能够变得通达，心灵的视觉才更清晰。一旦心窗打开了，心灵的空间也就豁然开朗，对于一些事情也能看得更透彻了，如此再来了解"空"的道理，就能消化"有"的烦恼。

第 15 章

慢活：
细水长流，半暖时光

声名不如一刻休憩，
荣华不若一刻闲情

【原文】

如今休去便休去，若觅了时了无时。若能行乐，即今便好快活。身上无病，心上无事，春鸟是笙歌，春花是粉黛。闲得一刻，即为一刻之乐，何必情欲乃为乐耶。

【意译】

只要现在能够停下来休息，那么就立刻停下来休息；如果等到一切事情都办妥时再停下来，那就可能永远等不到了。若能随时行乐，立刻可以获得快乐。身体没有疾病，心中没有繁杂的事情，那么春天鸟儿的鸣叫就是这个世上最美的歌声，春天百花齐放就是这个世上最美的装饰。能得到一刻空闲，便能享受一刻的闲适乐趣，哪里一定要在情欲中追求刺激，才算是快乐呢?

【解读】

泰戈尔在《飞鸟集》中写道："休息之隶属于工作，正如眼睑之隶属于眼睛。"如果一味盲目地忙，连革命的本钱都搞垮了，那人生也就没有意义了。

人生就像登山，不是为了登山而登山，而应着重于攀登中的观赏、感受与互动，如果忽略了沿途风光，也就体会不到其中的乐趣。

毛主席是个善于偷闲的高手，他会在忙的间隙找一些比较闲的人谈些哲学问题，平时床头上放许多闲书也是他的一个爱好。

周总理也很会忙里偷闲，在乘车时、接见外宾前或会议中间，打一个盹，养一下神，便又马上投入工作。

京剧表演大师盖叫天是有名的古董收藏家，但他并不在古董的真假上多下工夫，而是喜欢观赏各种雕像、古玩的姿态。他在业余时间里，常常面对古董默默注视，一看就是几个小时，边看边想那些神姿仙态的超然境界，借以锻炼自己的艺术想象力。

忙里偷闲，最忌有功利心。去钓鱼，兴趣在钓，而不在鱼。即使钓了一整天收获全无，也不应气馁，因为钓鱼过程中的情趣已经充分享受了，又有何遗憾？如果去看望亲朋好友却不见其人，也不应沮丧，因为来回沿途已将市井风情尽收眼底，这岂不是经历了一回采风调查？凡此种种，都能以超然的心态对待，便达到偷闲的至高境界了。中国有句古话"自得其乐"，说的就是这个道理。

人们最美的理想、最大的希望便是过上幸福生活，而幸福生活是一个过程，不是忙碌一生后才能到达的顶点。唯有懂得忙里偷闲，才能乐享自在人生。

人生几十年看似漫长，在历史的长河里却是极为短暂的。太多人没有明白自己真正需要的快乐，一直在名利场中为一时想满足的欲望而奔波劳苦，直到最后得到了，才发现那根本不是自己想要的，而想要的早已被自己错过甚至主动抛弃了，这是最大的遗憾。

本真做人，
不掩瑕瑜莫急躁

【原文】

古之人，如陈玉石于市肆，瑕瑜不掩；今之人，如货古玩于时贾，真伪难知。

【意译】

古代的人，就好像陈列在市场店铺中的玉石，无论过失或美德都不加掩饰；而现代的人，就好像是商人手中买卖的古玩，真假难辨。

【解读】

这是个竞争的时代，作为没有什么根基的芸芸众生中的一员，其实我们每个人都想出人头地，生活富足。为了达成这个目标，我们的内心难免急躁不已，浑然不觉事情本身已经被我们本末倒置。其实，如果我们想要取得成功，首先要学会的是放平心态、提升自己。只要自己有真才实学，是"金子"，就总会发光的。

所以说很多时候，急躁只能说明自己的内心不够强大。人生短暂，我们与其在急躁与害怕中徘徊纠结，不如让自己平静下来，一边学习，一边等待。其实这个充电的过程，只是为了在机会来临时，我们有一飞冲天的可能。

一代大儒王阳明当初因救戴铣而得罪了权倾天下、心狠手辣的刘瑾。刘瑾当时一气之下，杖责王阳明四十大板，让他险些丧命。之后，刘瑾又下令将王阳明流放到偏僻的贵州龙场。而且刘瑾并没有就此放过王阳明，在王阳明去龙场的路上，刘瑾还屡次派人追杀。

王阳明历尽千辛万苦来到贵州，却因为环境恶劣、语言不通等问题心生急躁，觉得自己没有了用武之地。但没过多久，王阳明便从这种消极的情绪中振作起来，他相信随着时间的推移，自己总会发挥出能力。

果然，在短短的一段流放时光中，王阳明用自己的人格魅力征服了当地的官员和百姓，而著名的龙场悟道也是在此完成的，这对他的心学之路有着极大的影响。

于是王阳明在《静心录》里总结说，心是宇宙的本体，万物的主宰，安身立命的根据，衡量是非的标准。天地间诸事诸物，举凡纲常伦理、言行举止、成败荣辱，无不出于我心。

看一个人是否能成大业，一定要看他面临困境时的做法以及心态。人人都想早日达成自己心中的目标，使得自己的生活能趋向圆满。然而由于环境的限制以及造化的提弄，在我们为自己争取一个令人满意的位置时，难免会遭遇波折险阻。

如今已是明星的周星驰，当年能够获得的最大角色无非是《射雕英雄传》里一个只有两句台词的小兵，而当时，和他一起从演艺训练班毕业的梁朝伟已经演了韦小宝而名声大震。当时有人劝周星驰，说他性格不够随和，只要低下头去向经理哀求，让他多分些角色给自己，肯定还是有机会的。然而，周星驰却摇摇头，苦心钻研起了演技，他觉得，只要自己有实力，将来肯定会有机会。结果，后来他果然迎来了自己事业的春天。

当羡慕他人的好运气时，我们也许忘记了一件事情，好的运气不是买彩票，会突然而至，因为这种概率相当于一颗星星掉落突然砸中了我们的头，但凡在我们眼中收获好运气的人，只是更善于自我提升和耐心等待，如同年过半百的姜太公，凭空垂钓，自然而然地收获到一份希望。所以，我们不妨把自己的一份坚守交付给时间，即便时间如白驹过隙，我们仍旧持之以恒，相信在不久的将来，梦寐以求的机会一定会出现在我们的面前。

破除烦恼，
二更山寺木鱼声

【原文】

破除烦恼，二更山寺木鱼声；见澈灵性，一点云堂优钵影。

【意译】

聆听二更时山中寺庙的木鱼声，烦恼为之消失。看到佛堂里的青莲花，本性和智慧都有了透彻的领悟。

【解读】

明人陆绍珩说，一个人生活在世上，要敢于"放开眼"，而不向人间"浪皱眉"。

"放开眼"和"浪皱眉"就是对人生两面的选择，"放开眼"代表着一种破除烦恼的阳光心态，而"浪皱眉"则代表着一种灰暗的心态。我们选择正面，就能乐观，自信地舒展眉头，面对一切；我们选择背面，就只能是眉头紧锁、郁郁寡欢，最终成为人生的失败者。

一个性格心态开朗、很少烦恼的人，他的人生态度一定是积极的，不管在工作中还是在生活上，都能很好地完成任务，因此这类人也能更好地实现自我价值。自我价值实现得越多，自我肯定的成就感也就越多，这样就更能拥有好的心情，形成良性循环。相反，一个心情阴暗的人悲观、抑郁，整天愁眉苦脸地面对生活，不管做什么事情都不积极，甚至错误百出，那么他的自我价值就会实现得越来越少，自我否定的因素就会增加，使心情更加消极抑郁，成为恶性循环。

有一个对生活极度厌倦的绝望少女，打算以投湖的方式自杀。在湖边她遇见一位正在写生的老画家，老画家专心致志地画着一幅画。少女厌恶极了，她鄙薄地看了老画家一眼，心想：幼稚，这等鬼一样狰狞的山，有什么好画的！那坟场一样荒废的湖有什么好画的！

老画家似乎注意到了少女的存在和情绪，他依旧专心致志、怡然自得地画着。过了一会儿，他说："姑娘，来看看画吧。"

她走过去，傲慢地睨视着老画家和他手里的画。

少女被吸引了，竟然将自杀的事忘得一干二净。她从没发现世界上还有那样美丽的画面——他将"坟场一样"的湖面画成了天上的宫殿，将"鬼一样狰狞"的山画得生机盎然，最后将这幅画命名为《生活》。

这时，老画家突然挥笔在这幅美丽的画上点了一些黑点，似污泥，又像蚊蝇。

少女惊喜地说："星辰和花瓣！"

老画家满意地笑了："是啊，用心去找，美丽的生活就在眼前。"

其实少女和老画家看到的景色并没有根本的区别，他们仅仅是心态有所不同。生活的美与丑，全在我们自己怎么看，如果你将心中的丑陋和阴暗面彻底放下，然后选择一种乐观积极的阳光心态，用心去体会生活，就会发现，生活处处都是美丽动人的。

悲观失望的人在挫折面前，会陷入不能自拔的困境。乐观向上的人即使在绝境之中，也能看到一线生机，并为此努力，不管从事什么行业，都会觉得工作很重要、很体面；即使衣衫褴褛，也无碍于他的尊严；他不仅自己感到快乐，也会给别人带来快乐。因此对乐观的人来说，生活到处都有明媚宜人的阳光。

既然世界的变化可以由自己的感觉来决定，那么，何不让自己永远保持阳光的心态呢？

世界的色彩是随着我们情绪的变化而变化的。你拥有什么样的心情，世界就会向你呈现什么样的颜色。所以，别让悲观、消极挡住了生命的阳光，当你的心情开朗起来的时候，你的世界将会是朗朗晴空。

菜根谭·小窗幽记·围炉夜话（精华版）

第 16 章

风光：
唯美景与爱，不可辜负

牡丹名酒固好，
野花村酿更佳

【意译】

山野的花卉同样令人惊艳，并不一定要去看百花之王牡丹才能领略鲜花的美丽；乡村的浊酒同样可以让人酩酊大醉，又何必非得喝绿蚁美酒呢？

【解读】

鱼和熊掌不能兼得的道理人人懂得，然而，一旦我们真正面对选择，也委实难下决心，所以，苏轼才会有感而发，写下"人有悲欢离合，月有阴晴圆缺，此事古难全。"他只是在提醒我们，所有的一切都有自然规律，没有谁可以逆转，也很难做到两全其美。

所以，当我们无法获得想要的东西时，不妨用达观的心态，学会去欣赏自己已拥有的事物自身的美感。假以时日，你定然会发现，就连我们原来厌弃的乌云，实际上也镶嵌着金边，有着难以言说的美态。善于发现他人的长处，更善于发现身边所有的美，是一种智慧。

某部队医院的儿科有一位"怪人"阿姨。阿姨话不多，扎静脉通常"一针见血"，手法娴熟。每次扎完，她都会再观察几分钟，问问病人有没有不舒服。她每天都有忙不完的活，众所周知，给小孩扎静脉是个辛苦的差事。有的家长就是因为阿姨的这一手绝活，而特意来这家医院给孩子看病。所有人看到她娴熟的手法，都禁不住真心夸一句："阿姨，您真是扎针的好手！"随从的护士撇撇嘴："您知道这位是谁吗？我们院最高级别的护理师，正师级！"阿姨接过话去："别瞎说。我只不过比你们多干几年活而已，一只小麻雀，不值得这样炫耀。"阿姨说过的这句话，多年后还一直回荡在人们耳边。听说，阿姨曾经有过几次机会，可以让自己的级别再提升，不过，工作岗位也需要做出相应的调整，可阿姨没有同意。阿姨的儿女们都很不理解，埋怨她不会享福，阿姨笑着说："我觉得没有什么工作能够让我比现在更快乐了，你们所谓的享福不就是高兴嘛，我现在做这工作，就觉得无比高兴，我既然爱着这个岗位，就不想辜负它。"

在很多人的眼中，成事者，成就的必是大事，只有身居高位或者富甲一方，才能称为成功。可是仍旧有人在普通的岗位上，兢兢业业地完成自己的本职工作，并且深深地热爱着这份工作。宋朝的朱敦儒，因其"志行高洁，虽为布衣而有朝野之望"，被宋钦宗召至汴京、授予学官之职。朱敦儒却辞道："麋鹿之性，自乐闲旷，爵禄非所愿也。"终于辞官不就，回归洛阳过他的隐居生活去了。

当人有了一定的人生阅历后，总是能较为豁达地审视自己，也能超脱地看待他人。所谓"青史几番春梦，红尘多少奇才"，人的生命只有一次，与其争名逐利，让自己疲于奔命，不如去除一些妄念，让自己在应有的位置，快乐地寻求完满的人生。

心净窗明，
面对名利不动念

【原文】

声色娱情，何若净几明窗，一坐息顷；利荣驰念，何若名山胜景，一登临时。

【意译】

在声色娱乐中去求得心灵愉悦，还不如在洁净的书桌和明亮的窗前，让自己得到宁静的快乐；为荣华富贵而思前想后，哪里比得上登临名山、欣赏胜景来得真实？

【解读】

梁实秋说过："寂寞是一种清福。"这层意思，大诗人李白一定是懂的，所以写出了"举杯邀明月，对影成三人"的千古名句。大多数人讨厌安静冷清，喜欢喧哗热闹，这和人的本性喜欢追逐名利是一个道理，喧哗热烈的气氛会给人以充实的存在感。

然而，我们不得不承认一个事实，每一个能在自己的领域有所建树的人，都非常懂得寻一处静谧的所在，将心灵放空，一路选择独行着前进，让自己全身心地领略人生的美丽。

曾经有这样一位作家，人们称之为大侠。他一生写作70多部作品，最让人称奇的是，每部作品都一版再版。他的经典小说不但征服了亿万读者，深远地影响了后来者的武侠创作，还引发了持续不断的影视改编热潮，长时间风靡中国乃至东南亚各国，历久不衰。他就是古龙。

他为人真诚，义薄云天，不拘小节，慷慨豪迈。美酒和阅读是他的爱好，但他最看重的还是朋友，所有人都只记得他的微笑，知道他在酒桌上和曾志伟喝到酩酊的快意，却独独忘记了他曾经写过的一本随笔，名字叫作《谁来跟我干杯》。古龙在书里不再使用他写武侠的技巧，而是原原本本地剖析了他以写作为生三十年的寂寞。古龙性格率直，与朋友肝胆相照，也常常呼朋引伴，纵酒狂歌。

可所有人都想不到，就是这样一个热爱声色犬马的人，会经常不见踪影。在他的老家，有一个宁静的书斋，每当繁华落尽，他总会来这里，静静地构思，然后回想自己曾经做过什么。曾经有一个出版社找到他，许以重金，想让他挂名出一套书，他指了指自己窗明几净的房间，问说客："我一个人，这样一个家，外面有最好的山水，你想，我要了那么多的钱又有什么用？而且，我住在这里，乡亲们都是喊我的乳名，又有谁知道谁是古龙？既然名利对我都不重要，我为何要违背良心，去弄一套假书来糊弄读者呢？"说客灰溜溜地走了。

很多时候，名利确实是很大的一种诱惑，但对于千帆过尽的人来说，还有什么比岁月静好更重要呢？其实，一桌一椅，一山一水带给人的就是大自在。

黄粱一梦，
不若双脚踏青

【原文】

斑竹半帘，惟我道心清似水；黄粱一梦，任他世事冷如冰。欲住世出世，须知机息机。

【意译】

透过半叶门帘，看到苍翠的斑竹，只有我的心清静如水；黄粱一梦，富贵如同过眼烟云，皆是虚幻，管它世间人情冰冷。想要生活在尘世却怀着出世之心，必须明白机巧却又熄灭机巧之心。

【解读】

人生就像一场旅行，不必在乎目的地，在乎的应是沿途的风景以及看风景的心情。生命是一种过程，不要把目的看得太重，那样你会错失人生的美妙过程。任世事浮沉，我心清净如水。富贵如云烟，眨眼间便成虚幻。身在红尘中，心在红尘外，才是快乐生活之道。

金山昙颖禅师，浙江人，俗姓丘，号达观，13岁皈依到龙兴寺出家，18岁时游京师，住在李端愿太尉花园里。有一天，太尉问禅师："请问禅师，究竟有没有地狱？"

昙颖禅师回答道："佛祖如来说法，向无中说有，如眼见空华，是有还无；太尉现在向有中觅无，手揸河水，是无中现有，实在堪笑。如人眼前见牢狱，为何不心内见天堂？忻怖在心，天堂地狱都在一念之间，善恶皆能成境，太尉但了自心，自然无惑。"

太尉又问道："心又该如何平静？"

昙颖答："善恶都不思量。"

太尉再问："不思量后，心归何处？"

昙颖说："心归无所，如金刚经云：'应无所住，而生其心'。"

太尉又问道："人若死时，心又归于何处？"

昙颖说："未知生，焉知死？"

太尉说："可是生是我早已知晓的。"

昙颖问道："那么请说说，生从何来？"

太尉正沉思时，昙颖禅师用手直捣其胸曰："只在这里思量个什么？"

太尉慨然长叹："是啊，只知道人生路漫漫，一生都在忙于赶路，却没有发现人生匆匆，岁月蹉跎！"

昙颖禅师点头说道："百年，如同一场梦。"

百年如同一场梦，情冷情淡、财多财少，功名利禄，不过是过眼云烟，如同梦里的一场虚幻，瞬间消失不见。唯有珍惜现在，淡泊明志，宁静致远。人生每一个梦，都是享受的过程，而非痛苦的掠取。始终放松心情，不为诸事所累，才不至于成为世上的行尸走肉，枉费心机。

在非洲的戈壁滩上，有一种叫依米的小花，花呈四瓣，每瓣自成一色：红、白、黄、蓝。它要花费五年时间来完成根茎的穿插工作，然后，一点点地积蓄养分，在第六年春天，才在地面吐绿绽翠，开出一朵小小的四色鲜花。这种极难长成的依米小花，花期并不长，仅仅两天，它便随母株一起香消玉殒。

这种小花只是大自然万千家族中极为弱小的一员，可是，它却以其独特的生命方式向世人宣告：即使生命短暂，也要绽放灿烂的光彩。

说到底，花朵易逝，月圆又缺。生命之旅，无论短如小花，还是长如日月，在这有限的时间里，得与失、爱与恨、生与死，不过是一场梦里的繁华笙歌或悲情吟唱，我自抚风弄月，笑拥哀乐。

人生只有一个终点，心态超然者懂得享受过程，不因任何顾虑而战战兢兢，不为任何流俗而心情压抑，这样在生命的终点，就不会因为太晚觉悟而后悔。

且行且珍惜。

春雨涤荡灵魂，
烦闷随之散去

【原文】

　　春雨初霁，园林如洗，开扉闲望，见绿畴麦浪层层，与湖头烟水相映带，一派苍翠之色，或从树杪流来，或自溪边吐出。支筇散步，觉数十年尘土肺肠，俱为洗净。

【意译】

　　春季雨后初晴的时候，庭园与山林仿佛被清洗了一遍，打开窗户以一颗闲适的心向远处眺望，可以看到绿色的田野里麦子被风吹过像波浪一般此起彼伏，远远地与更远处的湖水烟气相接，彼此又互相映衬。你会感受到这片天地之间一片碧绿之色，有的从树梢中缓缓而来，有的从溪水边的嫩草中喷薄而出。这个时候手持一根竹杖踏青散步，会感觉自己几十年积攒在心胸之中的庸俗和烦闷，都被这自然的恩赐洗涤干净了。

【解读】

　　人一生难免会有许多欲望和追求，房子、汽车、金钱、爱情，以及对生命的信仰。不知不觉中我们已经拥有了很多，这些东西有些是我们必需的，而有些却是没有一点用处的。那些没有实际用处的东西，除了满足我们的虚荣心和攀比心以外，只会将我们的心灵弄得烦躁不安。

　　就好像带着背包去旅行，装的东西越多，自己的脚步就会越沉重。所以，与其让自己在疲惫与痛苦中前行，不如将心里的包袱放下，时常用清新洁净的淡泊理念来洗涤心灵的污垢，将心胸之中的庸俗和烦闷涤荡掉，心灵才能畅快轻松，让最简单的自己，过最快乐的生活。

　　有位虔诚的佛教信徒，每天都从自家的花园里采摘鲜花到寺院供佛。一天，当她送花到佛殿时，碰巧遇到无德禅师从法堂出来。无德禅师非常欣喜地说道："你每天都这么虔诚地以鲜花供佛，根据佛家经典记载，常以鲜花供佛者，来世当得庄严相貌的福报。"

信徒非常高兴地回答道："这是应该的。我每次来您这里礼佛时，觉得心灵就像洗涤过一样清凉，但回到家中，心就烦乱起来。作为一个家庭主妇，如何在烦嚣的尘世中保持一颗清净纯洁的心呢？"

无德禅师反问道："你以鲜花礼佛，对花草总有一些常识，我现在问你，你如何保持花朵的新鲜呢？"

信徒答道："保持花朵新鲜的方法，莫过于每天换水，并且在换水时把花梗剪去一截，因为这一截花梗已经腐烂，腐烂之后不易吸收水分，花就容易凋谢！"

无德禅师说："保持一颗清净的心，其道理也是一样的。我们的生活环境就像瓶中的水，我们就是花，唯有不停净化我们的身心，改变我们的气质，并且不断地忏悔、检讨，改掉陋习、缺点，才能不断吸收到大自然的养分啊。"

信徒听后，幡然醒悟。

无德禅师的话就像一泓清新的山泉一样，浇灌信徒的心田：如想生活得宁静怡然，就要不断吸收清净的养分，祛除贪嗔痴的恶习，灵魂才得以净化，心灵才得以超然物外。

洁心、净心、清心、养心，让自己时时自省、日日更新，始终保持心灵的洁净和纯真，才能够摆脱世俗的困扰，烦闷随之散去。

休养你的心灵吧，只有这样，你才能每时每刻都拥有一颗健康纯净的心灵，也才能在尘世中获得属于你自己的幸福。拥有一颗健康纯净的心灵也不是难事，那些在绝境中不惊不慌、保持冷静的人并非天生就有这份能耐，他们也都是在生活中逐渐修养的。

在烦扰的尘世，我们错过了太多也遗失了太多，丢失了我们本身的善，而拿起人情世故的匣子。或许唯有回归简单生活，真真切切地去感受它，我们才能找寻到生命最初的那一点真，唱响灵魂和自由的颂歌，感受到忙碌和疲惫过后内心的安逸和宁静。

无闲事挂心，
人间处处好时节

【原文】

黄花红树，春不如秋；白云青松，冬亦胜夏。春夏园林，秋冬山谷，一心无累，四季良辰。

【意译】

秋天虽然给人一种萧瑟的感觉，但秋天有菊花怒放，也有满山红叶，这些是春天也无法比拟的；冬天虽然寒冷，但是冬季的天高云淡是夏天也超越不了的。春夏的园林，秋冬的山谷，只要自己心中没有羁绊，四季都是良辰美景。

【解读】

"春有百花秋有月，夏有凉风冬有雪。若无闲事挂心头，便是人间好时节。"只要自己心中没有羁绊，四季都有良辰美景。得失释怀、荣辱不惊、爱恨坦然、生死看透，始终心无旁骛，笑看人生，才是人生的最高境界。可怜天下苍生，每天被生活中的琐事牵引，忙碌中，根本没有闲情去欣赏春花的烂漫，夏木的葱翠，秋收的硕果，冬雪的洁净。

"结庐在人境，而无车马喧。问君何能尔？心远地自偏。采菊东篱下，悠然见南山。山气日夕佳，飞鸟相与还。此中有真意，欲辨已忘言。"陶渊明在出世与入世之间无碍无挂，没有羁绊，每天日出而作，日落而息，在悠然的生活中找到了人生的乐趣。其实，只要心怀禅意，就算身处闹市，日夜奔忙，依然可以为自己的心构筑一方世外桃源，让心灵无羁绊，宁静致远。

面对世间万事要有平常心，不强求、不执着于那些本就不属于自己的东西，于得意之时感到并无所得，于失意之时亦感到无所失。如此，人生便因淡定而从容。明白了这些道理，心境豁然开朗，人生便处处是好时节了。

在一个风和日丽的日子，一个富翁到海边散心，看到一个渔夫悠闲地躺在沙滩上晒太阳，富翁看不过眼，于是走过去对渔夫说："大好时光，你怎么不出海，去多打鱼呢？"

渔夫反问道："打那么多鱼干什么？"

富翁说："卖钱啊！"

渔夫反问道："卖那么多钱干什么？"

富翁说："有了钱，就能像我这样，又自由，又快乐，能够悠闲地在这美丽的海滩散步，能够快快乐乐地享受假期，躺在海滩上晒太阳。"

渔夫哈哈大笑，说："我现在不正快快乐乐地躺在海滩上吗？"

这个故事广为流传，有很多不同的版本，但是要表述的都是一个意思。这个躺在海滩上晒太阳的渔夫是追求本真的一种人。我们这些凡夫俗子，比如那位富翁，一生都在犯着舍本求末的错误。我们的一生就像老驴拉磨一样，只是在重复地转圈，从起点到终点，都不知道起点原来就是终点。我们拼命追求的东西其实就是渔夫所不想追求而予以放弃的，我们追求的结果正是渔夫当下本身所有的。就这样，在物欲的追逐中，我们离原初和本真的东西愈来愈远。我们常常以为能够追逐到物质就拥有了幸福，获得了大量金钱，就能拥有许多东西。但其实，真正的幸福与快乐并不在于你的手中拥有多少外在的物质，而在于你的内心能够容纳多少高贵而美妙的思想。

春有百花秋有月，夏有凉风冬有雪，若无闲事在心头，便是人间好时节。人想活得轻松，就得少烦恼；要少烦恼，心胸就得开阔、宽广一些，学会宽恕自己和容忍别人，这样生活就可从容不迫。

《围炉夜话》

第 17 章

情深：
疼世间最疼你的那个人

父子为桥梓，
兄弟为花萼

【原文】

古人比父子为桥梓，比兄弟为花萼，比朋友为芝兰，敦伦者，当即物穷理也。

【意译】

古时候的人用乔木和梓木来比喻父子关系，用花与萼来比喻兄弟关系，用芝兰香草来比喻朋友关系，因此，有心想敦睦人伦的人，由万物的事理便可推见人伦之理。

【解读】

古人的生活若用我们现代人的眼光去看，或许少了许多可以用来消遣时间的东西。然而正因如此，古人反而有了更多贴近自然的机会，所以在他们的诗词以及文集中，常常以自然界的事物来比喻人的道理境界。

以"桥梓"代指父子关系，以高大的乔木来比喻父亲，以幼小的梓树来代指儿子。父亲爱护儿子，全力培养教导，教育后代成才。而孩子要体贴、尊重父辈，理解父辈教养自己的一片苦心。

"孝"与"忠"，是中华民族的传统美德。懂得孝养父母的人懂得感恩，与兄弟和睦相处的人重义而不会忘本。因此，崇尚孝道的人懂得尊重他人，而与兄弟友爱者则会有仁爱之心，如果做人从最基本的孝悌做起，就会培养出高尚的人格。

东汉时齐国有一位青年叫江革，在他很小的时候父亲就已经去世。为了侍奉母亲，他无论到哪里都会背上母亲一同前往，在当地传为美谈。战乱时，别人为了身家性命，舍弃一切逃之夭夭，而江革则背着母亲逃难。因为负重，他自然走得很慢，时时碰上作乱的盗贼，贼人见他身上没有钱财，想要杀他灭口，江革总是流着两行眼泪哭诉着说：自己死不足惜，只是母亲年迈，要人供养，一旦自己死了，老母无人奉养。盗贼听到这话，就发了慈悲念头，也不忍杀他。后来，他迁居江苏下邳，为了供养母亲，到处打零工，穷得自己连双鞋都买不起，而母亲的衣食住行却都被他安排得妥妥当当。十里八村的人都对他的孝道啧啧称赞。刚巧当时的明帝要大臣们推举孝廉，于是，江革当仁不让地得到了这个职位。而到了章帝时他又被推举为贤良方正，任五官中郎将。

对父母孝顺尊敬，既是为人的基本，也是中华民族的传统美德。父母亲经过无数辛劳才将子女抚育成人，子女孝敬父母，让他们安稳地度过晚年，这就是传承多年的孝道。

家和万事兴，做子女的孝敬父母、尊重长辈，做弟弟的敬重兄长，做兄长的善待幼弟，妯娌之间友善如亲，生活在这样的环境中，什么样的人都会感到幸福的。

古人用花与萼同根而生的自然现象，比喻血脉相联的手足兄弟。芝兰香草散发出幽远的清香，好像品德高尚的人感化朋友，使朋友也熏染上芬芳一样。乔梓、花萼、芝兰香草都是自然界的生物，古人融入自然，体察其中的深刻内涵，让人更能体会到人伦事理的深刻意义。

事实证明，这世间唯有爱才是永恒不变的。所以，学会爱父母，爱兄弟，爱他人。只要人人都献出一点爱，世界将变成美好的人间——人间，自然包括你我的小家！

187

父兄有善行，
方能成就君子

【原文】

　　父兄有善行，子弟学之或不肖；父兄有恶行，子弟学之则无不肖；可知父兄教子弟，必正其身以率子，无庸徒事言词也。君子有过行，小人嫉之不能容；君子无过行，小人嫉之亦不能容；可知君子处小人，必平其气以待之，不可稍形激切也。

【意译】

　　父辈或兄长行为高尚，晚辈学来可能学不像，也比不上；但是如果父辈或兄长有不良行为，晚辈倒是一学就会，没有不像的。由此可知，长辈教育晚辈，一定要先端正自己的行为来引导他们，这样晚辈才能学得好，而不是只在言辞上白费工夫，不能以身作则。道德高尚的人行为稍有过失，一些无德之人因为嫉妒，就必然不能相容。但是有德之人即使没有过失，小人们也未必能容他。由此可知，情操高尚的君子和品行卑劣的小人相处时，应当心平气和地对待他们，不能过于急切地责骂他们。

【解读】

　　人的本性像流动的水，靠向高处困难，靠向低处容易。父兄优良的品行子弟不一定能很好地效仿，但是如果父兄有恶劣的行为，子弟一学就会。因此，想要子弟能成为优秀人才，除了我们要付出更多的心血外，更重要的是先端正自己的品行。

　　《论语》中说："其身正，不令而行；其身不正，虽令不从。"可见只有以身作则，才能为子弟树立良好的榜样，督促他们趁年少发奋勤学，成为有用的人才。

　　古人有云："正己为率人之本。"如若想要成为他人的表率，首先要端正自己的行为与品德。即言必信，行必果，立得端，行得正。只有这样，自己的所作所为才能为他人效法。正如刘义庆在《世说新语》中所说："言为士则，行为世范。"

曾子作为一代儒学大师，不但严于律己，还善于管教儿女。有一次，曾子的妻子要去赶集，孩子哭闹着也要去。于是曾子的妻子哄儿子说："乖孩子，待在家里等娘，娘赶集回来杀猪让你吃肉。"小孩子信以为真，站在村口，翘首企盼娘能快点回来，杀猪给自己吃。

曾子的妻子从集市上回来后，对杀猪一事闭口不谈。孩子失望地蹲在门口呜呜痛哭。曾子回来后，得知了事情的始末，他一言不发，去厨房拿了刀子便捉猪来杀。

曾子的妻子连忙阻止，斥责曾子说："我不过是跟孩子闹着玩的，你何必当真。"曾子义正词严地表示："和孩子是不可说着玩的。小孩子不懂事，凡事跟着父母学，听父母的教导。现在你哄骗他，就是教孩子骗人啊。"

曾子的故事之所以流传至今，是因为它一直提醒我们，对待家人，抛开疼爱、关怀不谈，最重要的还是把自己的日常行为树立成标杆，这才是大爱的体现。

一个家庭的财力始终有限，父辈能留给子孙的财富也毕竟有限，而一个长辈的品德却是无限的。将无数金银财宝留给子孙，不知道自力更生的不肖子孙也会坐吃山空。与其这样，倒不如自己在有限的生命里，多做好事，多积阴德，如此子孙便也能在耳濡目染中生成敦厚之心，福分也因此得以长久。

舜帝至孝，
只因心中有大爱

【原文】

古之克孝者多矣，独称虞舜为大孝，盖能为其难也；古之有才者众矣，独称周公为美才，盖能本于德也。

【意译】

从古至今，能够全力守孝道的人非常多，然而唯独称虞舜为大孝之人，这是由于他能在恪守孝道上做到别人很难做到的事。自古以来有才的人很多，然而单单称赞周公美才，乃是因为周公的才以道德为根本。

【解读】

舜是至孝的典型例子。其父在妻子去世后，续弦生了象。象本性凶狠，对其异母兄舜不满，与父母亲一起，想要寻机杀死舜。舜几次死里逃生，明知亲人有意置自己于死地，却没有怨恨之心，反而对三人比以前更好。三人感动，从此再也不怀陷害舜之心了。做常人所不能做之事，忍常人所不能忍之事。舜被世人称为大孝之人。

当然，上述的孝，并非让人忘却良知、不顾道德伦理的愚孝。而是通过舜的行为让人懂得，世间亲人之间没有解不开的心结，与其牢记别人的不好，为此耿耿于怀，寝食难安，不如敞开怀抱，让爱化作春风，感化他人，抚慰自己。当亲人在宽容的感召下，为自己的行为自责反省之际，亲情自然加深。

从前，有一个小秀才，因为父亲是商人，家境殷实，所以他从来不考虑生活问题，总是看到什么都想买，经常和朋友们喝酒寻欢，花钱毫无顾忌。

商人看到儿子虽然能读书识字，却完全不能自立，担心自己将来有什么不测，儿子不能独立生活，就开始注意培养儿子的自立能力。用现代的话来讲，他开始了一场为儿子"断奶"的苦肉计。他把家里的仆人统统驱散出府，自己也开始粗衣素食，对着儿子痛哭："咱们家现在已经没有钱了，父亲生意失败，还欠着别人一大笔银子。以后，爹连你的衣食都保证不了，你自己照顾自己吧。"秀才听了大惊失色。见父亲那么伤心，他急忙安慰父亲不要难过，自己也长大了，以后由自己赚钱养家。

秀才为了能振兴家业，付出了很多努力，也吃了不少的苦头，商人的老婆看到儿子付出了这么多，提醒商人说："既然孩子都已经学好了，咱们还是告诉他实情吧。"商人则表示，等观望观望再说。

最终秀才在自己的努力下，让家人都过上了好日子。在他为父亲举办的寿宴上，父亲兴奋之下，说出了实情。当时众人哗然，皆说商人的不是，说哪有这样的父亲，隐瞒自己的家产，让儿子如此辛劳奔波。在众人的指责下，商人也觉得自己的做法有些过激，他紧张地看着儿子。没想到，秀才笑着说："我早就知道了事情的一切真相，之所以没有说出来，一是感怀父亲的用心良苦，二也是为了成全父亲，想做出个样子来博得父亲欢心。"

商人激动落泪，众人也纷纷赞许秀才，说他真是个有大孝心的孩子。

天下没有不疼爱自己孩子的父母，但并不是每个人都会教育孩子，或者说指引孩子。为人子女应该牢记，无论父母对自己做了什么，都不可心生怨怼之意。毕竟父母和我们是两代人，他们的思维方式与我们有很大不同，所以，父母的一些做法在我们的眼中有可能是可笑甚至可气的。然而，与其去谴责父母或者提醒父母，不如换一种能让他们感动并可以接受的方式，因为无论如何，我们都要始终相信，他们对我们所作所为的出发点是爱。因而，我们也应该用爱的方式去回报他们。

春风可以破解被严寒冰冻的霜雪，而爱的春风同样可以感动那些曾经伤害过我们的亲人。

兄弟为师友，
尽享天伦之乐

【原文】

兄弟相师友，天伦之乐莫大焉。

【意译】

兄弟之间彼此可以互为师友，伦常给人带来的快乐莫过于此。

【解读】

古有"三纲五常"之说，孔颖达疏云："五常即五典，谓父义、母慈、兄友、弟恭、子孝。"人间种种情意，以兄弟之情最为珍贵。兄长友爱，弟弟恭敬，家庭便会和睦，家人便可享受天伦之乐。如若在此基础上，兄长以人生经验为本，做弟弟的老师；弟弟则处处遵从兄长的教导，两人便成稳固的师友，互相帮助，取长补短。

家庭之中，兄弟间的情谊对家庭的和谐与稳固起着重要作用。兄弟之间若生嫌隙，势必会影响家庭其他成员的心情。在处理事务时，兄弟之间难免会有一些矛盾和纷争，如果各执己见，只从自己利益出发，事情就变得无法解决。如果一方能适当做出谦让，或者以对方为师，从中吸取好的方面，放眼大局，从整体利益出发看问题，则更利于事情的推动。

明末清初，苏州乡下住着一家人，夫妻俩有三个儿子，生活清苦。丈夫外出谋生，每隔几年才能回家看看。妻子和儿子们在家种地。孩子们渐渐大了，父母便把地分为三块，兄弟三人每人一块，都以种茶树为主。有一年他们的父亲回家，带回一捆花树苗，说是南方人喜欢的香花，不知道叫什么名字。父亲不管儿子喜欢不喜欢，便栽在大儿子的田边。隔了一年，树上开出了一朵朵小白花，大儿子惊奇地发现，自己的茶枝也带有小白花的香气。他随即检查了整块茶田，发现到处都带着香气。他便不声不响地采了一筐茶叶，到苏州城里去卖。没想到，这含香的茶叶非常走俏，一会儿工夫就全部卖光了。这一年大儿子卖香茶叶发了大财，消息终于传开了。两个弟弟得知后，找哥哥算账，认为哥哥的香茶叶是父亲种的香花所致，哥哥卖茶叶的钱应三人均分。兄弟间一直吵闹不休，两个弟弟便要强行把香花毁掉。乡里有位老隐士戴逵，被三兄弟请来评理。

戴逵说："你们三人是亲兄弟，应该亲密无间，不能只为眼前一点点利益，闹得四分五裂。哥哥发现的香茶多卖了钱，这是大好事，全家都应高兴。财神菩萨进了家门，你们反而打起来了，哪有这等蠢事？你们知道财神是谁吗？就是这些香花。你们要让这些香花繁殖。各人茶田里都栽上香花，兄弟都卖香茶，大家就都发财了。你们的香花有了名，坏人想来偷，怎么办？兄弟轮班看护，这就要团结一致。如果你们都自私自利，不把大伙的利益放在前面，事情怎么能做成呢？为了要你们能记住我的话，我为你家的香花取个花名，就叫末利花，意思就是为人处事，都把个人私利放在末尾。"

兄弟三人听了隐士的话，很受感动。回家以后，和睦相处，生活一年比一年富裕起来。

我们每个人内心都会有一些利己的想法，很难完全为别人着想，但在一个家庭中，兄弟之间处处斤斤计较肯定会导致两败俱伤的局面。作为哥哥或弟弟如果时时处处为自己的利益做打算，不肯帮助兄弟，时时防范兄弟，那么不但不能得到兄弟的信任与尊重，还会伤害骨肉之情。因此，遇事要学会替别人着想，只有多给别人一些理解，才能有发自内心的包容，也才能构建和睦的家庭。

为家之长，
撑起一方蓝天

【原文】

家之长幼，皆倚赖于我，我亦尝体其情否也？

【意译】

家里的老小都依靠着自己生活，自己是否曾经体会到他们心中的情感和需要呢？

【解读】

《礼记·大学》中说："古之欲明明德于天下者，先治其国；欲治其国者，先齐其家；欲齐其家者，先修其身；欲修其身者，先正其心……心正而后身修，身修而后家齐，家齐而后国治，国治而后天下平。"可以说，修身、齐家、治国、平天下，是无数有志之士为之奋斗的目标。并不是每个人都有治国、平天下的机会与能力，而修身、齐家却与每个人的生活密切相关。作为一家之主，想要管理好整个家庭的事务，首先要修身养性，端正己身，才能树立威信，为其他成员起到垂范的作用。

家庭成员间和睦相处，是家庭幸福的体现。家庭成员间感情上相互依赖，所以要上孝父母，下教子女，夫妻和睦，兄弟相亲。多给家人关心和爱护，当他们遇到困难和障碍时积极帮助，这会让整个家庭处于祥和温暖之中。

老赵是一个普通的退休职工。原本是应该享受夕阳美景的年纪，他却每天异常辛苦。老赵的妻子患了"进行性肌营养不良症"，整天浑身无力，只能坐卧，没想到的是，她的两个儿子也遗传了这种病，而老赵是家里唯一生活能够自理的人。几十年的时间里，面对三个重症病人，老赵的日子可以说是度日如年。每天早上5点半，老赵准时起床打扫卫生、做早饭，然后将饭一口一口喂给妻子和儿子，接下来照顾他们一日三餐，天天如此。邻居见这一家人生活困顿，将他的事情反映给了报社，希望能够得到社会的帮助。当记者问老赵：

"几十年这样的生活，你觉得苦吗？"老赵坦然地回答："苦，能不苦吗？但我至少能够照顾自己，他们整天无力行走，比我苦一千倍、一万倍，他们笑一次、说一句话都那么难，能帮助他们一分，我的苦就少一分。再说了，作为一家之主，这是我的责任和义务。"

作为一家之长，首先要做到的就是扛起照顾家人的责任。家长如果贤明，家庭则安定繁荣，家长如果昏聩，家中子女的生活则混乱不堪。同样的道理，作为一家之主，如果想要求家人妻贤子孝，必须让自己时刻保持清明纯正、品格高尚。如果想让子女们的行为有格局、有气度，那么一定先设定自己心中的理想、志向，肩负起全家人的希望。

"爱之能勿劳乎"，
深爱最完美的诠释

【原文】

　　子弟天性未漓，教易行也，则体孔子之言以劳之，勿溺爱以长其自肆之心。子弟习气已坏，教难行也，则守孟子之言以养之，勿轻弃以绝其自新之路。

【意译】

　　当孩子的天性尚未受到社会恶习感染而变得浇漓时，给他们正确的教导并不难。因此，应以孔子"爱之能勿劳乎"的方式去教导他们，而不要过分溺爱，增长了他们自我放纵的心。当孩子已经养成坏的习气，不易教导时，要依孟子"中也养不中，才也养不才"的方式管教他们，不可以轻易地放弃，使孩子失去改过自新的机会。

【解读】

父母疼爱孩子是人之常情，但真正懂得爱孩子的人，不是过于溺爱他们，而是教子有方。孩子在幼年时期性格还没有完全形成，可塑性非常强，父母要耐心引导，正确培养，促使孩子养成良好的思维习惯和道德品性，为将来成为出色的人才打下良好的基础。

孩子就像幼小的树苗，父母和长辈的教育如同浇灌、修剪，小树如果长偏或出现过多的枝杈，父母就千万不能放弃不管，而要耐心修正，使其成材。

所以，在孩子小的时候，应该谨遵孔子"爱之能勿劳乎"的教育理念，不能因为爱他，就不让他劳动。爱孩子，很有可能会心疼他，恨不得替他做任何事，然而，这种心态和教育方法，是不恰当的。

曾经有过这样一则新闻，一位寡母带着唯一的儿子生活，寡母深知生活的艰辛而舍不得让孩子干一点儿活，哪怕仅仅是吃一个鸡蛋，她也会将鸡蛋皮剥掉，放到孩子的碗里。这个孩子学习非常好，考上大学，成为了名牌大学的学生。有一次，他和心仪的女生在学校食堂吃饭时，女生买了两个鸡蛋，他竟然看着鸡蛋手足无措，不知该如何下手，说道："这个鸡蛋怎么和家里的不一样呢？"话语一出，同学们哈哈大笑，而他喜欢的那个女孩也因此远离了他。因此，男孩不仅不感激母亲这些年对他的细心照顾，还将这件事怪罪到母亲头上，从此和母亲之间出现了嫌隙。

法国教育家卢梭说："你知道运用什么方法，一定可以使你的孩子成为不幸的人吗？这个方法就是对他百依百顺。"

在日常生活中，经常可以看到那些教育子孙比较严格的家庭，后辈更容易出现有才德的人；对子孙管教松弛的人家，后辈往往德行败坏。这与教育是分不开的。有些原本十分聪明的孩子，却成为品行低下的人；有些原本天资平庸的孩子，反倒成为品德良好的人，这和家长的栽培教养有很大关系。孩子的品德缺失，放纵骄横，是由于家长或者长辈看不懂一个"爱"字；家长过分地溺爱，自然助长孩子的惰性与依赖性，而且易使孩子以自我为中心，使孩子误入歧途。如今，有许多家庭悲剧都是由溺爱导致的。

"扬州八怪"之一的清代大画家郑板桥晚年才得一子，但对其管教甚严，从不溺爱。他在病危时把儿子叫到床前，说要吃儿子亲手做的馒头。父命难违，时年21岁的儿子只得勉强答应。可他从未做过馒头，请教邻家大娘后，费了九牛二虎之力，终于做好了馒头，喜滋滋地送到父亲床前，谁知父亲早已断气。案头上有张书纸，上面写着父亲的临终遗言："流自己的汗，吃自己的饭，自己的事情自己干。靠天，靠地，靠祖宗，不算是好汉。"

正如郑板桥给其弟弟的信中所说："余五十二岁始得一子，岂有不爱之理！然爱之必以其道，以其道是真爱，不以其道是溺爱。"良好的品德可以引导他人，而运用得当的爱更是辅助孩子成长的有利条件。孩童时期原本是懵懂之时，如果用爱作为羽翼为孩子遮风挡雨，不如用爱幻化作一道无形的藩篱，规范孩子的道德品质。

有善行，
孝道为先

【原文】

常存仁孝心，则天下凡不可为者，皆不忍为，所以孝居百行之先。

【意译】

心中保有仁心和孝心，那么，天下任何恶劣的行为，都不会忍心去做，所以，孝顺是一切善行中首先应该做到的。

【解读】

心中常怀孝心、仁爱之心的人，内心一定是善良的。有孝心的人懂得感父母之恩，不做不合道义的事，为的是不让父母担心和蒙羞，不懈地努力是想给父母安定的生活。所以孝心不但断掉了恶念，还成为善行的源头。

提倡多行善事，孝道为先，因为孝道是中华民族的传统美德，行善也会给子孙后代留恩泽和积福报。《易经》上讲："积善之家，必有余庆。"积累善行的家庭，必定会有多余的恩惠被后人享用。古人云："百善孝为先"，孝悌是中华文化的基础。一个人能够孝顺，就有一颗善良仁慈的心。

春秋时代，有个孝子叫闵子骞。在他很小的时候母亲就去世了，他的父亲再娶后，继母又生了两个弟弟。一年冬天，继母用芦花给他做衣服，而给两个弟弟做的是棉衣服。芦花做衣服看起来很蓬松，但并不保暖。父亲带他外出，闵子骞给父亲驾马，因为天气寒冷，衣服又不保暖，闵子骞冻得瑟瑟发抖。父亲看了之后非常生气，觉得闵子骞是在演戏，让他干点活他就故意找茬。一气之下，拿起鞭子抽打闵子骞，接着衣服破了，芦花从衣服里跑出来。父亲看到后，辛酸落泪，这才明白，是继母虐待自己的孩子，回到家里，执意要休了妻子。

闵子骞跪下来对自己的父亲说："父亲，请不要让继母走。如果母亲留在我家，只有我一个人受寒，如果母亲走了，我和两个弟弟都会受寒啊。"

在闵子骞的苦苦哀求下，父亲便不再休妻，继母也痛改前非。

在继母虐待自己的情形之下，闵子骞至诚的孝心丝毫不减，而且还想到兄弟和家庭的和乐。这一份真诚让他的父亲息怒，这一份真诚也让他的继母生起惭愧之心。闵子骞这份真诚的孝心转化了家庭的恶缘，使家庭从此幸福快乐。

相反，那些平生喜欢损人利己而不尽孝道之人，则会给后代招来灾祸。由于处心积虑地钻营着如何索取，别人必然会对他心生不满和怨恨。而这种人把所有的时间都用在谋取利益上，自然就会忽略了孝道。所以，当他的后代遇到困难时，不会有人愿意扶助援救。而他对老人的忽视，也会遭到别人的鄙视。同样，心术不正的人教育后代很难以身作则，还会让他们学习到不良的习气。

"孝"与"善"，是中华民族传统美德的基本元素。对父母孝顺尊敬，是作为人的基本品德。由于父母亲经过无数辛劳才把子女养育成人，子女孝敬他们，让他们安稳地度过晚年，这就是孝道。善行，则主要指对身边的人无论熟悉与否，定当竭力用自己的善行去关爱他人，也用自己的行为给家人和孩子做榜样。

一个人自身的孝道与善行完美结合，必然会给子孙遗留下许多德泽。所以，如果想把大爱留给自己的后辈，不妨从孝道开始。

第 18 章

宽友：
任凭一份情意沸腾

救友坑坎中，
便是活菩萨

【原文】

　　肯救人坑坎中，便是活菩萨；能脱身牢笼外，便是大英雄。

【意译】

　　肯费心费力去救助那些陷于苦难中的人，便如同菩萨再世。能摆脱名利、世俗的羁绊，就可称为出类拔萃的人才。

【解读】

　　佛教中的菩萨是人们心中救苦救难者的化身，生活中急人之难的人被称为"活菩萨"，受到人们的感激和尊重。人们在遇到困难时都渴望得到帮助，如果世人都能怀着一颗扶危济困之心，那么人世间就会有更多的和谐和快乐。

　　当我们看到一些人犯错时，时常会想，就算自己诚恳相劝，对方也未必会听，说出来反倒惹人不高兴，还是不说为好。其实这种想法是不正确的，作为一个正人君子，在提高自身品德的同时，还应该感化身边的人向善、上进，才能问心无愧。即使对方一时听不进去，等他冷静下来之后，再认真思考，感悟到你规劝的合理之处，也会改过自新。相反，如果你对别人的过错视而不见，任其日渐堕落的话，又怎么能称得上是一个品德高尚的人呢？

　　曾有一位青年与好友同在一家公司上班，好友人很不错，就是喜欢贪小便宜，经常把公司里的一些办公用品拿回家。青年虽然觉得这么做不对，可是，他又怕劝说对方伤了和气，于是，一直对好友的做法听之任之。两个人学的都是财会专业，好友得到升迁，去做了会计。青年在好友的宴会上，一直想提醒他，这份工作不比从前，不能再犯以前的毛病。可他想了很多，又怕好友觉得自己是嫉妒他。带着矛盾的心情，青年选择了闭嘴。

　　结果，几年后，好友因为贪污而深陷囹圄。

　　青年每次想到此事都非常自责，如果自己当时能够婉转地提醒好友，虽然他会不高兴，但也许以后的犯罪行为是可以避免的。青年经常懊恼地表示，自己为了一时的不得罪人，不但失去了多年的友谊，还没能劝阻好友误入歧途，真是后悔。

青年人刚刚开始自己的人生，很多事情都是第一次经历，所以看得格外重要，这是人之常情。但是同时我们也要明白，如果我们认为自己的做法是正确的，就不要去理会对方能否接受，而坚定地去纠正他，这才是真心对待朋友的做法。

有一位禅师非常喜欢作画，那些与他交好的居士们就对他百般奉承，说他的画画得如何地漂亮，时间久了，禅师也就信以为真了。因为寺院僧侣经常需要外出化缘，所以禅师就让化缘者拿自己的画去送给有缘人。禅师一次画了自己最得意的一张，打算送给别的寺院的住持，也是自己的好朋友。住持看了禅师的画，默不作声，禅师说："我的画我经常要他们化缘的时候送给别人。"住持想了想说："你虽然画得很是卖力，可我不得不直言相告，你在绘画上真的没有天分，这些画还是不要拿去送人了，你有画画的时间，不如一心礼佛。"

禅师听了很诧异，也很不开心。他回到寺庙后，问他的弟子们："你们把画拿去送人，他们都怎么说啊？"

弟子们突然都很沮丧，说："他们都不是很开心。"禅师有些急躁："那你们为什么不早一点儿告诉我呢？"一个弟子小声说："也许是这些人不会欣赏。"

禅师把自己的画作全部烧毁，一心向佛，最终成为那个时代最有名的高僧。后来，每次提起自己的住持朋友他都是满心感激，他觉得若不是有这位朋友，自己的人生也许会改写。

如果我们希望保持一份长久的感情，就必须为朋友的将来着想，哪怕承受朋友的误解，也要阻止他在错误的路上越走越远。

与友相处，
不可有粗浮心

【原文】

　　无论作何等人，总不可有势利气；无论习何等业，总不可有粗浮心。

【意译】

　　不管做什么样的人，都不能有嫌贫爱富、以财势来衡量人的习气。不论从事哪一种事业，都不能有轻率不定的心思。

【解读】

　　世态分炎凉，人情有冷暖，皆因势利。成语"门可罗雀"出自《史记》中的一个故事：翟公做官时宾客盈门，家中整天门庭若市，朋友们争先恐后地奉承着他，让他每天都觉得非常开心。可当他失去官职后门庭变得十分冷落。那些曾经所谓的朋友，再也不肯登门，即使翟公派仆人去请，朋友们也纷纷推脱，声称自己有事，很忙。翟公失望之余，终于懂了这些趋炎附势、嫌贫爱富的朋友是什么心态。于是他在门上写道："一死一生，乃知交情；一贫一富，乃知交态；一贵一贱，交情乃见。"此时的他已深感世态炎凉，知世人多趋炎附势，可怜可叹！

　　把权势、利益看得很重的人往往目光比较短浅，把权和利当作人生的中心，与人交往时从不付出真心。他们对待有权势和地位显赫的人往往无比恭顺，言语浮夸地溜须拍马，而对于贫穷落魄的人则冰冷无情，嫌弃鄙视。对于自己取得的权势钱财大肆炫耀，沉醉于别人的夸赞之中。这些只追求表面东西的人大都十分虚伪。

　　苏秦早期曾游说秦惠王，但是遭冷遇不成功。他穿着破旧的袍子，钱也花光了，形容枯槁、面有愧色地回家了。没想到，一进家门，家人对他不理不睬。苏秦伤透了心，想去找朋友喝酒，可让他没想到的是，朋友们围着桌子饮宴，看到他就像没看到一样，苏秦落寞而归。苏秦自此发奋读书，学成之后，他又到赵国游说，受到赵国重用。之后，苏秦逐一说服了共六个国家，联合抗秦。苏秦还掌握了六国的相印，威风八面！这一次，他又回家，距离家中还有很远，他的朋友们已经全部躬身等在那里，看到他个个笑逐颜开。苏秦冷笑着问众人："如果我还是从前的苏秦，你们可能如此对我？"朋友们尴尬不已，灰溜溜地走了。此后，无论苏秦做多大的官，都没有提携这些朋友。

待人不可太势利，尤其是对待朋友，更不可以视对方的条件而决定态度的冷热。一旦虚伪逐利的本质被人识破，轻者遭人唾弃，重者再无立足之地。"不可势利"说的是人性，而"不可粗浮"说的是对待朋友的态度。

交友与干事业在本质上其实没什么不同，交朋友要真心以待，想要成就一番事业，同样要倾尽全力。我们不可能做任何事都让每个人满意。不仅因为人无完人，还因为每个人的内心想法都不相同，但是我们却一定要约束好自己，将心放正，做到不嫌贫爱富，珍惜身边每一个朋友，汲取别人身上的长处。西方谚语中有一句"他有他的花园，你有你的沃土"。看似比我们强的人，也许也会有羡慕我们的时候，所以，大可不必追捧他人。与其趋炎附势地去讨好别人，不如收起轻率粗浮的态度，用真心去善待每一个和自己有过交集的人，久而久之，自然会冠盖满京华，朋友遍天下。

知往日所往之非，
珍惜身边每个朋友

【原文】

知往日所往之非，则学日进矣；见世人可取者多，则德日进矣。

【意译】

认识到自己过去的行为有不对的地方，那么学问就能日渐充实。看到别人的行为值得自己学习的地方特别多，那么自己的品德也必定能逐日增进。

【解读】

若一个人看到自己的不足，多反思自己的过失，谦虚谨慎，能深知"自知之明"的内涵，并使之融贯一生，那么这个人即使成不了圣人，也一定会成为贤者。人能清楚地认识自己的过错，那么生命向前的每一步都是新的起点。

古人称直言规劝的朋友为"诤友"，我们都渴望交到这样正直的益友，因为优秀的人，会以他们光辉的人格影响我们，让我们见贤思齐，让我们取长补短。更重要的是，正直的朋友总是指出我们的错误，不会为了讨好别人而扭曲事实，失去作为朋友的良心。他们会提醒、规劝我们，指出被我们自己忽略的错误，促使我们完善自我。

唐太宗时期，魏征经常进谏，凡是他认为正确的意见，必定当面直谏，坚持到底，绝不背后议论，这是他的可贵之处。有一次，唐太宗对长孙无忌说："魏征每次向我进谏时，只要我没接受他的意见，他总是不答应，不知是何缘故？"未等长孙无忌答话，魏征接过话头说："陛下做事不对，我才进谏。如果陛下不听我的劝告，我又立即顺从陛下的意见，那就只有依照陛下的旨意行事，岂不违背了我进谏的初衷了吗？"太宗说："你当时应承一下，顾全我的体面，退朝之后，再单独向我进谏，难道不行吗？"魏征解释道："从前，舜告诫群臣，不要当面顺从我，背后又另讲一套，这不是臣下忠君的表现，而是阳奉阴违的奸佞行为。对于您的看法，为臣不敢苟同。"太宗非常赞赏魏征的意见。结果，唐太宗在魏征的辅佐下，江山稳固。他自己也不止一次地感慨，虽然魏征脾气不好，出言莽撞，可他能有今天，有太多魏征的功劳。

俗话说："尺有所短，寸有所长。"每个人都有长处和短处。所以，对待朋友就不能抱着吹毛求疵的态度，应该吸取他人的可贵之处，扬长避短。这既是一种气度，更是一种智慧。

也许我们坚持追求完美、优秀，不愿意轻易放弃自己的原则，又渴望拥有朋友，这时就需要改变评价标准，将目光放在别人的优点上。看到别人的优点时，对方就成为自己心中的优秀者，而在要求别人的同时，我们也要不停地审视自己，提醒自己不要犯错误。

追求完美是一种精益求精的理念，但只能用来要求自己。不能对朋友求全责备，因为每个人身上总有一些小缺点。一个既有能力又能包容别人的人，必然受到别人的拥戴。而如果一个人能力很强，却对人苛刻，动不动就横加指责，别人必然不愿与之交往。只有"严以律己，宽以待人"，才能做到提升自我，团结朋友。

友以成德，
朋友是暗夜里的一盏灯塔

【原文】

友以成德也，人而无友，则孤陋寡闻，德不能成矣；学以愈愚也，人而不学，则昏昧无知，愚不能愈矣。

【意译】

朋友可以帮助人们在德业上取得进步，如果没有朋友，则学识浅薄，见闻有限，德业无法提高。学习的目的是摆脱愚昧，如果不学习，心定愚昧无知，愚昧的毛病永远都不能治好。

【解读】

朋友是黑夜里的一盏灯塔，指引着我们前行的方向。好友贵在相知，能听懂我们的心声，抚慰我们寂寞的心灵。真正的朋友，可共享欢乐，也能共患难；能在我们进步的时候，与我们举杯庆祝，也能在我们失意的时候，给予真诚的鼓励；能促膝长谈，也能经得起距离的考验。朋友其实是我们的另一面，让我们的眼界更宽更广，逐渐趋于完美。

吴兆骞是江苏吴江人，原本才华横溢。他和顾贞观是好友，两人经常在写文章上互相帮助。顺治年间，吴兆骞参加了江南的乡试，顺利考中举人。却不料就在全家欢庆这一喜事之时，祸从天降。

由于受到科场案牵连，皇上下令，所有举人必须回京参加复试。而倔强的吴兆骞却看不惯这些事情，在文章里大肆嘲讽，不幸遭到冤判。

吴兆骞的家产被抄没，全家流放宁古塔。临行之前，好友顾贞观赶来送行，并劝他耐心等候，将来必定设法营救。

二十年过去了，吴兆骞依旧在宁古塔望穿秋水，很多人都劝他，断了回京的念想，顾贞观当时也就是随口一说，过去就算了。可吴兆骞坚信这份友谊。他觉得顾贞观不会不管自己。实际上，顾贞观二十年来，一直在设法营救吴兆骞。后来，顾贞观来到北京，有幸结识了纳兰性德，当朝权相明珠的儿子。等到时机成熟，顾贞观就把吴兆骞以前写的文章送给纳兰性德看，证明吴兆骞是一个有才华的人，并请他出手相救。又是三年过去，通过顾贞观、纳兰性德等人出钱出力、上下斡旋，终于将吴兆骞成功救回，后定居于北京。而从此以后，吴兆骞在文字上经过顾贞观的指点，再也未出现过纰漏，在文学上有了很深的造诣，遍收徒弟，名扬当下。

友情，不仅体现在患难时的守望相助，也体现在学业上的互助提升。正所谓"良师益友"，得一真正能在学业上帮助自己的朋友，是人生一大幸事。如果没有朋友的提示与警醒，也许我们就不会发现自己在学业上的优势和劣势，更无法在德业上取得长足的进步。而朋友的缺失，会让我们孤陋寡闻，少了许多信息的来源。由此类推，朋友并不仅仅是身边的壁炉，还应该是我们生命中的灯塔，指引着我们行驶在正确的航线，不迷失，不彷徨，早日到达成功的彼岸。

知音难觅，
知己难寻

【原文】

　　人得一知己，须对知己而无惭；士既多读书，必求读书而有用。

【意译】

　　人生得到一个知己很难，在面对知己时应丝毫没有可惭愧之处；读书人既然饱读诗书，应做到学以致用，才不枉然。

【解读】

　　鲁迅先生曾在赠给瞿秋白的话中说："人生得一知己足矣，斯世，当同怀视之。"意思是说，人的一生中有一个真正的朋友是多么难得，在艰难困苦的时候，朋友间患难相扶，不怀私心。应该把知己看作亲兄弟一般，关爱他像关爱自己一样。

　　北宋时期的范仲淹因坚持主张改革，惹怒了朝廷，被贬去颍州。大家的心里都明白，范仲淹此次离去，回来的希望相当渺茫。当范仲淹卷起铺盖离京时，一些平日与他过从甚密、称兄道弟的官员，生怕被说成朋党，纷纷对他避而远之。有个叫王质的官员则不然，他当时正生病在家，闻讯后，立即起身，打算抱病前去。他的家人劝阻他，万万不可去看范仲淹，若是惹恼了皇上，就糟糕了。没料想，王质竟然含着眼泪毫无顾忌地将范仲淹一直送到城门外。王质能做到不计个人利害得失，真诚待友，和那些见利忘义之徒相比较，实在是难能可贵的。对范仲淹来说，谁是真朋友，谁是假朋友，此时此刻，也就一清二楚了。从那以后，范仲淹在宦海中起起伏伏，始终视王质为莫逆之交。

　　人们常说"物以类聚，人以群分"，通过一个人身边的朋友，可以观察出这个人的品行。同时，朋友也可以对一个人起到引导和塑造的作用。《孔子家语》中说："与善人居，如入芝兰之室，久而不闻其香，即与之化矣；与不善人居，如入鲍鱼之肆，久而不闻其臭，亦与之化矣。丹之所藏者赤，漆之所藏者黑，是以君子必慎其所处者焉。"可见交朋友的选择是多么重要。多亲近正直上进的人，远离心术不正的人，才能提高自身的修养，使自己的人生之路越走越宽广。

春秋时期，庞涓和孙膑都是平民出身，两人拜鬼谷子先生为师，一起学习兵法。同学期间，两人情谊深厚，并结拜为兄弟。庞涓学成之后到魏国为官，很受魏王的赏识，因而执掌魏国兵权。庞涓还领兵打败了当时很是强大的齐国军队。这更巩固了他在魏国的声威与地位。而庞涓自己，也认为取得了盖世奇功，不时向人夸耀，大有普天之下、舍我其谁的气势！

而这期间，孙膑却仍在山中跟随鬼谷子学习。他原来就比庞涓学得扎实，加上鬼谷子见他为人诚挚正派，就把孙武所著的《孙子兵法》传授与他，孙膑此刻的才能远远超过庞涓了。有一天，从山下来了魏国大臣，礼节周全、礼物丰厚，代表魏王迎接孙膑下山。孙膑以为是学弟庞涓建议魏王请他共创大业，便随魏国使臣下山。其实，请孙膑到魏国，并非出于庞涓的推荐，而是一个了解孙膑才能的人向魏王讲述后，魏王自己决定的。魏王对孙膑十分敬重，册封他为副军师，与庞涓一起掌握兵权。这样庞涓生起嫉妒心，他私改了孙膑的信件，并向魏王告发孙膑有"背魏向齐之心"。孙膑被魏王赐以刖刑及黥面，两个膝盖骨被挖。可庞涓仍要对孙膑赶尽杀绝，孙膑故意装作疯子才侥幸逃过一死。

与结交品行端正的朋友同样重要的，还有多读书以及学以致用。人们往往在年轻时贪图享乐，不想在学业上花费精力。等到自己上了年纪才突然发现，原来书本中的话是那样有道理，可此时自己已不再年轻，悔悟已经太晚了。因此，年轻人认真思考多读书，书里的宝贵经验会让他在以后的人生中少犯一些错误。而且，他能从书里学到做人的道理，这对他的人生大有裨益。

交益友，
立品行

【原文】

交朋友增体面，不如交朋友益身心；教子弟求显荣，不如教子弟品行。

【意译】

以抬高自己的身份和增加自己的面子为目的而去结交一些朋友，倒不如结交一些真正对我们身心有益的朋友。教育后辈子孙求得荣华富贵，倒不如教导他们做人应有的良好品格和行为。

【解读】

有些人交朋友时喜欢攀结富贵，认为这样是给自己的脸上增光。这些人不明白，交友贵在志同道合，相互勉励和箴规，修养自己的身心，修正自己的行为。身边有这样的朋友才是人生的幸事。而酒肉朋友，或为一时之利与你交往的朋友，一时称兄道弟，过从甚密，可当你面临困境时，立即与你形同陌路，甚至还会落井下石。结交这样的朋友，简直是为自己招灾惹祸。

萧何与韩信，共同辅佐刘邦夺取天下，建立大汉王朝，可谓立下汗马功劳。韩信早年来投奔汉中王刘邦时，刘邦并没有看重韩信。韩信一气之下趁月夜出走。萧何知道后便立即驱马追回了韩信，在萧何的说服下，刘邦设坛拜将，册封韩信为大将军。这使韩信掌握了刘邦军队的兵权。因此韩信对萧何心怀感激之情，并一直视萧何为自己的良师益友，对萧何的话无不听从。

刘邦死后，吕后执掌朝政，有人举报韩信准备谋反。吕后也觉得韩信功高震主，便不分情由要除掉韩信，但又怕韩信不肯就范，就令萧何想个办法。作为韩信朋友的萧何此时却屈从于吕后的天威，便以庆贺平叛胜利为名，将韩信蒙骗到皇宫之中。韩信一进宫，就落入了吕后设计好的圈套。结果吕后以谋反的罪名将韩信杀死于长乐宫钟室。一代名将就这样因轻信自己朋友之言而死于非命。

误交损友，会为自己带来灾祸。然而，在我们身边，却总会有一些人，忘掉阶级、地位，忘掉贫穷、富有，在他们的心中，朋友就是朋友，一切与品格相关，与物质条件没有一丝瓜葛。

阿里亚斯是法国瓦洛里的一名理发师。他为人诚恳厚道，从来不会为了赚取提成而在给客人理发的时候喋喋不休地推销店里的产品。就这样，比他年长二十八岁的毕加索与他成为了朋友。一日，阿里亚斯去看球，天空下起了小雨，一辆轿车停在了他的身旁，毕加索执意要他上车，载着他一起去看球。毕加索的朋友见到此情此景议论纷纷，他们私下里对毕加索说："你是那么有名望的人，应该去结交权贵，而不是给一个理发师做司机。"毕加索淡然一笑："阿里亚斯的人格魅力我都比不上，现在是我在跟他学习。"说完话，毕加索竟然将自己那辆限量版的小轿车送给了阿里亚斯。

毕加索去世后，他的朋友纷纷改变，到处痛斥诋毁他，而拥有毕加索赠与的五十多幅画的阿里亚斯却将这些名贵的画作送给了当地政府。一位日本收藏家曾想购买这些画作，他给了阿里亚斯一张空白银行支票，说数目他随便填。可收藏家没想到，他竟遭到了理发师的拒绝。阿里亚斯说："不论你用多少钱，都无法买走我对毕加索的友情和尊敬。"

《围炉夜话》中一再提醒人们注重品行。不但要时刻提升自己，更要在交友时注重对方人品。富贵荣华皆是过眼云烟，只有人的品格才能万古长青。

君子之交淡且真

【原文】

淡中交耐久，静里寿延长。

【意译】

在平淡之中交往的朋友，情谊往往能经得住时间的考验。过宁静的生活，人往往能延年益寿。

【解读】

《庄子·山木》中说："君子之交淡如水，小人之交甘若醴。君子淡以亲，小人甘以绝。"君子之交建立在相互信任、彼此欣赏的基础上，是一种平淡的宁静与幸福，这样的友谊可以经得住时间的考验。而小人交朋友只注重眼前利益，甚至为了利益而背弃朋友。

战国时期的李斯和韩非二人同拜荀子为师，有着深厚的同窗之谊。李斯能言善辩，将韩非哄得团团转，视他为莫逆之交。李斯虽然明里承认韩非的学问比自己高出一筹，但心里对韩非怀有嫉妒之情。李斯后来深受秦王的器重。他以卓越的政治才能和远见，顺应历史发展的趋势，佐助秦王嬴政制定了吞并六国、实现统一的策略和部署。秦王朝建立以后，李斯升任丞相。他继续辅佐秦始皇，在巩固秦朝政权，维护国家统一，促进经济和文化的发展等方面屡建奇功。

韩非是韩国的公子，当时韩国很弱，常受邻国的欺凌，韩非多次向韩王提出富国强兵的计策，但都未被韩王采纳。公元前234年，韩非作为韩国的使臣来到秦国，上书秦王，劝其先伐赵而缓伐韩。秦王觉得韩非胸怀安邦济世之才，便欲留他在秦国效力。但是一直嫉妒韩非才华的李斯却对秦王说，韩非是韩国公子，一定不会帮助秦国，这是人之常情，留下韩非必生祸端，如不及早处置，将来有了祸端后悔就晚了。秦王轻信了李斯的话，就下令处死韩非。李斯受命后，立即吩咐手下将毒药送给韩非，逼他自尽。就这样，韩非被自己认为最亲的同门兄弟李斯毒死于大牢之中。后来，秦王发现自己操之过急，想下令释放韩非时已经来不及了。

朋友相处，面对口蜜腹剑、玲珑八面之人，要有提防之心。人的性格原本已经注定，能对你巧言令色之人，对别人一定同样如此。而真正的朋友，无论距离多远，无论两个人性格如何不同，都会永远支持你。

鲁迅和瞿秋白之间的友情持续一生。两人都是非常有个性的人，经常因为一个命题或者一个想法相悖而争论得面红耳赤，拍案而起，甚至拂袖而去。抗日战争时期，瞿秋白面对国民党的悬赏追捕，无处躲藏。有许多他从前的朋友见他来访，竟然称病，不肯开门。而同样处于危难中的鲁迅则三番五次收留瞿秋白在家中避难，最后瞿秋白自己都非常不好意思。鲁迅却淡淡地表示，朋友，此时不用要来何用。

而在形形色色的反动文人污蔑和诋毁鲁迅杂文的战斗意义时，鲁迅可以说是腹背受敌，没有人肯为他站出来说句话，是瞿秋白挺身而出给予鲁迅杂文以极高的评价。洋洋洒洒、字字珠玑地把鲁迅的文字一字一句分析给众人听。

由此可见，亲密无间的不见得是真朋友，历久弥坚、守望相助的，才是君子之交。

就如同一个人的寿命，大情大性、忽悲忽喜的性格很难保证身体的健康，反而是淡定安然的心态，才是养生之根本。因为人的心境与身体密切相关，宁静淡然的心态有助于身体的调节。如果把蝇头小利放在心上，整天患得患失，劳心伤神，身体也必然受到损伤。只有保持平和、淡泊的心态，不为世俗烦恼所扰乱，才能悠然自得，健康长寿。

学友之长知行合一

【原文】

与朋友交游，须将他们好处留心学来，方能受益；对圣贤言语，必要我平时照样行去，才算读书。

【意译】

和朋友交往，一定要仔细观察朋友的优点和长处，用心学习他们优异的地方，才能从与朋友的往来中得到益处。对于古代圣贤的教导，一定要在平常生活中依循做到，才算是真正体味到书中的言语。

【解读】

朋友，往往是与我们性情相投又会给予我们很大帮助的人。每一位朋友都会为我们的生活开一扇窗，为我们展现不一样的世界。品德良好、博学多才的朋友可以称得上我们的良师。因此，与身边朋友交往时，要留心别人的优点，认真地学习，才能使自己有所进步。

张震，一个普普通通的台湾演员，就如同他饰演的角色，用心，却没到大红大紫的境界。然而，所有认识他的朋友都称他为"海绵男人"，只要你贴近他，不知不觉间，你的优点就可以成为他的长处，并且被发扬光大。在张震接拍《吴清源》之际，原本对围棋一窍不通的他，竟然和场内的围棋指导成了朋友。电影杀青，他不但将吴清源这一形象刻画得入木三分，还使自己的围棋技巧被师傅赞叹不已。而在他饰演"一线天"这个武功达人的角色时，他又与场内武职成为朋友，只要有时间二人就在一起切磋，博采众家之长，直到他拿了"八极拳"的全国冠军。

对张震来讲，每次和新的朋友相遇，都是一种汲取养分的阳光之旅。他的细心与虚心，使得他在这种友情中收获多多。有人说他聪明，其实他只是懂得交友之道。

知行合一原本是大儒王阳明的思想，他认为世界上的一切问题，最后都由自己的心灵所掌控。正如他在《咏良知》一诗中所写："人人自有定盘针，万化根源总在心。却笑从前颠倒见，枝枝叶叶外边寻。"在王阳明的思想中，心才是主宰一切的根本。例如交友以及读书，如果不能用心以及细心，那么，我们所交之人，所读之书，对我们根本一点裨益也没有。如果不能在朋友身上有所收获，学习到他人的优点和长处，如果不能在读书之后学以致用，那么，就算朋友再多、饱览群书，又有什么用处呢？

有一座寺院紧邻海边。因为经常有人在海边钓鱼，所以，寺院里有一位小和尚被指派了活计，他要负责每日去海边劝诫那些以钓鱼为乐的人们，不要做伤害其他生命的事情。

小和尚眼界突然开阔，觉得自己一下子可以认识这么多人，并且在劝说中和这些人通过交谈、接触成为朋友，顿时觉得自己比寺院中的那些师弟们高出了一大截，所以，难免平日有些骄傲。为此，一些小沙弥对他颇为不满。

禅师听完小沙弥的抱怨，找到小和尚谈话，他问小和尚："你说这些钓鱼的人都是你的朋友？"小和尚说："对啊。"禅师问："既然是朋友，那你从他们那里学到了什么？"小和尚语塞。

禅师突然下了一个命令，准许那些人钓鱼，但是，钓上来的鱼儿要全部放生，然后，由寺院给予自己种的蔬菜作为补偿。人们听了乐坏了，每个人都兴冲冲地去钓鱼，再也没有人围着小和尚了。小和尚失落万分，也因此想明白了朋友二字的含义。

读书也应当遵从此理。读书原本就是为了让人明理，开阔人的眼界并让人得到心灵的滋养。而一些圣贤之所以著书立说，无非是想把自己的人生经验以及感悟留给后人学习，所以对于古代圣贤阐述的哲理，要学会体悟，在实践中灵活应用，做到读圣贤书，明圣贤理，做圣贤事，才能算得上真正的读书。

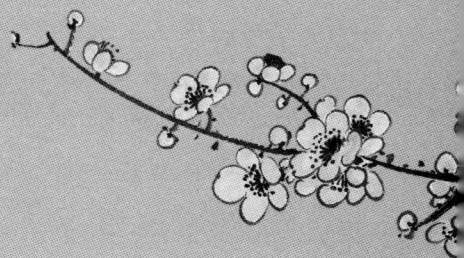

第 19 章

好学：
懂得多，活得和世界一样长

志不可不高，
心不要太大

【原文】

　　志不可不高，志不高，则同流合污，无足有为矣；心不可太大，心太大，则舍近图远，难期有成矣。

【意译】

　　一个人的志向不能不高远，如果志气不高，就容易被不良的风气所感染，不可能有什么大作为。一个人不要有太大的野心，如果野心太大，那么容易舍弃切实可行的事，而去追逐遥不可及的目标，很难有所成就。

【解读】

　　"有志不在年高，无志空活百岁"，志向可以引领一个人积极进取。人要树立远大的志向，激发自己的潜能，遇到困难时，以心中宏大的目标激励自己，直到成功。

　　一个人应胸怀大志，却不可眼高手低，对眼前的机会视而不见，总想着更大的利益。这种不知脚踏实地、总是好大喜功的人最终往往徒劳无功。

　　医疗广告行业被大幅度整顿后，小优所在的医疗器械公司准备裁员，幸好公司研究决定只裁掉一人。可是小优想来想去，还是自己被裁的可能性最大。因为自己刚刚上岗，没有经验，也没有和同事竞争的实力。公司还算公平，宣布了裁员的规则：以一个月为期限，业绩量最后一名将被裁掉。因此无论有没有被裁的可能，同事们都瞬间变得无比勤奋，冷漠的硝烟提前弥漫开来。

　　让小优费解的是，一些同事不像以往那样，着眼于大医院，大医疗机构，而宁可去一些以前不太涉足的偏远山区。小优撇嘴，觉得这些销售简直就是饥不择食，这么辛苦一个月，能卖出去多少产品？

　　不顾一些好心同事的劝阻，小优仍然跑一些从前的大机构，结果铩羽而归。一个月之后，排名倒数第一的小优最终被裁员。她不服气，想知道同事们的业绩，让她大跌眼镜的是，居然比从前跑大医院的业绩还要高。同事小声告诉她："虽说跑小地方辛苦，但是只要勤快，吃的了苦，一样能得到好业绩，之前叮嘱你你偏不听。"小优还振振有词，我的理想是成为大医院的金牌推销，不是小地方出来的泥腿子，同事苦笑无语。

对于职场新手来说，能在公司里做光鲜的事固然好，可是如果在大处不能战胜对手，不妨靠小细节来凸显自己。

如果没有处在低位置，不会海纳百川；如果没有站在高起点，不会滴水穿石。做人和工作也一样，只有放低自己的姿态和位置，才能成就伟大。许多年轻人有时并不能摆正自己的位置，经常为自己的一点成绩而沾沾自喜，为自己的一点优势而骄傲自满，最终往往一事无成。相反，如果能把自己的位置放得低一些，脚踏实地，稳步前进，就能更快更稳地提升自己的能力，更快地到达事业的顶峰。

人们常说"有志之人立长志，无志之人常立志"，有了远大志向，只有坚持进取，才能最终实现梦想。

知自家是何等身份，则不敢虚骄

【原文】

知道自家是何等身份，则不敢虚骄矣；想到他日是那样下场，则可以发愤矣。

【意译】

对自己的能力和所处的位置有清醒的认识，就不敢妄自尊大。能够预见到不发愤图强的惨淡后果，就该振作精神，奋发努力。

【解读】

"泰山不让土壤，故能成其大；河海不择细流，故能就其深。"只有包容谦逊，才能集贤聚能；想要包容谦逊，就不能自高自大。历史上的弹丸小国夜郎，为人类留下了什么历史财富不得而知，但人人都知道它为成语词典"添砖加瓦"，留下了"夜郎自大"一词，也留下了千古笑柄。

寒山寺里曾经养有一头驴，驴每天都在寺院里辛苦拉磨，做一些粗笨的活计。天长日久，驴渐渐厌倦了这种平淡的生活。它每天都在想，要是能出去见见外面的世界，不用拉磨，该有多好啊！不久，机会终于来了。有一个僧人带着驴下山去驮东西，它兴奋不已。

来到山下，僧人把东西放在驴背上，然后返回寺院。没想到，路上行人看到驴时，都虔诚地跪在两旁，对它顶礼膜拜。一开始，驴大惑不解，不知道人们为何要对自己叩头跪拜，慌忙躲闪。可一路上都是如此，驴不禁飘飘然起来，原来人们如此崇拜我。当它再看见有人路过时，就会趾高气扬地停在马路中间，心安理得地接受人们的跪拜。

回到寺院里，驴认为自己身份十分高贵，过去累死累活，真是不值得，因此，它死活也不肯再拉磨了。僧人无奈，只好放它下山。驴刚下山，就远远看见一伙人敲锣打鼓迎面而来，心想，一定是人们前来欢迎我，于是大摇大摆地站在马路中间。那是一队迎亲的队伍，如今却被一头驴拦住了去路，人们愤怒不已，对驴棍棒交加……驴仓皇逃回寺里，此时已经奄奄一息了。临死前，它愤愤地告诉僧人："原来人心险恶啊，第一次下山时，人们对我顶礼膜拜，可是今天他们竟对我狠下毒手。"僧人叹息一声："果真是一头蠢驴！那天，人们跪拜的，是你背上驮的佛像啊。"

其实人生最大的不幸，就是一辈子不认识自己。

人生际遇千万种，总会有高潮和低谷，人如果总是纠结烦恼于此的话，就总会处在低迷阴暗的情绪之中，人生的烦恼也不会有止境。如果想摆脱无谓的痛苦挣扎，就需要多一些大度，学会平复和放松自己的内心。

看书须放开眼孔，
做人要立定脚跟

【原文】

　　看书须放开眼孔，做人要立定脚跟。

【意译】

　　读书必须有开阔的眼界和心胸，可能接受并判断新的观念。做人要站稳自己的立场和把握住自己的原则，才是一个具有见地、不随波逐流的人。

【解读】

　　自古以来，都是"万般皆下品，唯有读书高"，多少仁人志士通过读书实现抱负、名垂青史。但学海无涯，知识不只在书中，世间万物、人间百事，皆可为书。所以，只有放宽眼界，将书本中的知识，运用于处事之中，融入自身，才能称得上学到了"学问"，也才能"胸藏文墨怀若谷，腹有诗书气自华"。

　　刻苦攻读是读书人的本分，也是立身处世的根本。在书中，丰富的知识帮助人们认知世界，前人的智慧让人心中豁然开朗，读书让人分清忠奸善恶，懂得孝悌廉义，培养人们高洁的品格。

　　著名数学家华罗庚在专业上独树一帜，与他上学时读书方法的与众不同有关。他拿到一本书后，不是翻开从头至尾地读，而是每看上一段，就会对着书思考一会儿，然后闭目静思。他这么做绝对不是偷懒，而是猜想书的谋篇布局，以及作者的用意，斟酌完毕再打开书，如果作者的思路与自己猜想的一致，他就不再读了。华罗庚的这种猜读法不仅节省了读书时间，而且培养了自己的思维力和想象力，使自己不致沦为书的奴隶。有许多同学不赞同他的这种读书方式，觉得每个人有每个人的思维，只有把一本书看熟，深入了解了，才能学到书中的精髓。

　　而华罗庚则表示，他们的方法是典型的死读书，虽说他们理解了这本书的含义，却很少能举一反三。世界那么大，书又那么多，人们的精力毕竟有限，所以，找出最适合自己的学习方式，才是比较合理的。

有人将做人与读书的本质相比较，实际上，这二者之间有着千丝万缕的联系，都需要基础牢固。只有扎扎实实地立足根本、忠于内心、恪守原则、为人服务，才能成为一个为人称道的人。

生命有穷期，
学问无止境

【原文】

天地无穷期，生命则有穷期，去一日，便少一日；富贵有定数，学问则无定数，求一分，便得一分。

【意译】

天地万物是永恒的，无穷无尽，然而人的生命是有限的，只要逝去一天，生命就随之短一天。人生的荣华富贵是命运注定的，然而学问知识却没有止境，多下一分工夫，知识就会增长一分。

【解读】

时间转瞬即逝，经不起浪费蹉跎，因而要专注于自己的学习正业，循序渐进，逐步走向无憾的终点。如若将流光抛掷在闲事上，等到暮年时，会发现一事无成。正如南北朝颜之推《颜氏家训》云："天下事以难而废者十之一，以惰而废者十之九。"只要刻苦勤奋，不荒废光阴，便能做成大事。

法国作家巴尔扎克一直强调说："我现在所拥有的财富与名气都会随着时间散去，而我学到的知识，则会永远停留在我的脑海，为我所用。"巴尔扎克的秘书在自传中写到，巴尔扎克很少享乐，他觉得最快乐的事就是学点什么，每当他又学到了新的知识，总是很开心，觉得这一天没有虚度，自己赚到了。

而德国诗人歌德更是直接把知识看成自己的财产。在他潦倒之际，他一位很富有的朋友来到家里做客，看到他家徒四壁，忠言劝说他多想些赚钱的法子来改善生活，而不要整天想着继续学习，认为他学的已经比别人多很多。歌德掷地有声地告诉他："所以我从来没觉得自己穷困潦倒，反而觉得比你们富有百倍，千倍。"这位朋友听了哑口无言。

大名人法拉第中年以后，为了不荒废时间，把整个身心都用在科学创造上，严格控制自己，拒绝参加一切与科学无关的活动，他甚至疑惑地对他整日为了赚钱奔波劳碌的孩子们讲："你们不深造自己，总是去追逐眼前的名利，将来也不会有什么大发展。静下心来，抽出学习的时间，你们每天哪怕学习十分钟，日积月累，都会是一大笔财富啊。"法拉第说到做到，他为了学习，甚至辞去皇家学院主席的职务。这个决定让他的家人和朋友都瞠目结舌。

知识的海洋无边无际，人们学习知识，就像河流汇入大海一样。这样才能融会贯通，境界开阔。

"吾生也有涯，而知也无涯。"纵使彭祖寿至八百岁，世人也只知他长寿而已。孔子只活了七十三岁，却成为中国的"文圣"。孔子一生"三人行，必有我师"，活到老，学到老。

习读书之业，
存为善之心

【原文】

习读书之业，便当知读书之乐；存为善之心，不必邀为善之名。

【意译】

如果能把读书当作自己的终身事业，就应该知道读书的乐趣。如果心中怀着做善事的心意，就不必要求得"善人"的名声。

【解读】

汉代文学家刘向说："书犹药也，善读之可医愚。"实际上，读书不仅能医治愚笨，还能使人开朗、消除愤怒和化解抑郁，使人从中得到快乐。

比尔·盖茨出生于律师和教师之家，盖茨三四岁时，母亲发现他不如其他小朋友开朗，但在教室里他表现得比其他学生要专注、认真。盖茨酷爱读书，尽管他是个儿童，但他却喜爱读成人的书，并且从中发现快乐，在自己家里，盖茨可以随意翻阅父母的藏书。他经常几个小时连续地读一本书，一字一词地从头读到尾。

如果说读书是人一辈子的爱好，那么做善事则更应该成为毕生的追求。

西门豹，是春秋战国时期的魏国人。当时邺地是魏都的重要门户，且又地处要塞，是兵家必争之地。正因如此，此地战乱不断，民不聊生。魏王闻知很是苦恼，特意派刚直不阿的西门豹前去担任邺地县令，治理邺地。

西门豹到了邺地后，并没有大张旗鼓地四处宣扬自己就是新来的县官大人。而是带着随从微服私访，了解百姓疾苦，探访当地民情。遇到家境贫困的人家，西门豹往往自掏腰包给人购买粮食。当人们感激涕零，询问西门豹的姓名时，西门豹总是一再叮嘱手下，千万不要说出自己的真实身份。他的做官理念是，做清官，为百姓做好事。做善事本是为官的职责，如果非要凭借做好事扬名立万，不免背离了自己的初衷。

后来西门豹利用"河伯娶媳妇"事件，智惩三老、廷掾和巫婆，用事实教育百姓，破除迷信。不但破除了迷信，还使自己名传千古。西门豹接着就征发老百姓修建漳河十二渠，治理漳河水患，发展农业生产，使邺地百姓逐步富庶起来。西门豹为官一生，清正廉明，造福百姓，死后，邺地百姓专门为他在漳水边建造了祠堂，四季供奉。

俗话说："几百年人家无非积善，第一等好事便是读书。"在人的一生中，读书与行善二事日日不可忘。雨果说："各种蠢事，在每天阅读好书的影响下，仿佛烤在火上一样渐渐熔化。"孙中山先生说："我一生的爱好，除了革命之外，只有读书，我一天不读书，就不能够生活。"这些名人的话说明，读书能长人以智慧，医人之愚钝，予人以快乐，可以引导人一步步走向美好境界。就像读书不是为了利禄一样，行善也不是为了获取声名。善是从心里生发出来的，是良心之举，那些沽名钓誉的人做的善事，只能是伪善。

第 20 章

气性：
葬我以风骨，埋我以血性

人心足恃，
百折不挠才见风骨

【原文】

伍子胥报父兄之仇，而郢都灭，申包胥救君上之难，而楚国
存，可知人心足恃也。

【意译】

春秋时的伍子胥，为了给自己的父亲和兄长报仇，发誓灭掉楚国，终于
攻破了楚国的首都，鞭仇人之尸。而当时的申包胥则发誓保全楚国，终于获得
秦军救援，使楚国不致灭亡。可见，人只要下定决心去做一件事，就一定能
做成。

【解读】

气性有的时候体现在我们是否能够坚持。想要完成一件困难的事，必须要
有足够的勇气、百折不挠的坚强意志与决心，才不致半途而废。

历史上忍辱负重、终成大事的故事非常多。春秋末期，越国被吴国打败，
越王勾践被俘，但勾践却能在屈辱中发奋图强，卧薪尝胆，时刻提醒自己报仇
雪耻，最终打败了吴国。

战国末年，秦灭六国，吞并天下，但项羽立志兴复楚国，灭亡强秦。项羽
率楚军与秦兵背水一战，下令破釜沉舟，表明了有进无退的决心，结果军心大
振，一战歼灭秦军二十余万，后自立为西楚霸王。

以上事例，正应了蒲松龄撰写的自勉对联："有志者，事竟成，破釜沉
舟，百二秦关终属楚；苦心人，天不负，卧薪尝胆，三千越甲可吞吴"，此对
联成为战胜困难取得成功的最好诠释。

自然与社会的发展有其客观规律性，遵循着一定的轨迹。但凡最终取得成
功的文臣武将，他们都有同样的特点，就是拥有百折不挠的气性与风骨。人们
只有遵守这条规律，不要反其道而行之，才会取得自己想要的成功。

不忮不求，
可见光明境界

【原文】

不忮不求，可想见光明境界；勿忘勿助，是形容涵养功夫。

【意译】

由安贫知足、与世无争、不存心陷害别人、不贪取钱财的态度，可以看到一个人光明磊落的心境。在涵养方面，既不要忘记聚集道义以培养浩然正气，也不要因为正气不充足，就要想尽办法帮助它生长。

【解读】

在《论语·子罕》中，孔子称赞学生子路为人坦荡正直。在穿着皮袍的富贵者面前，身穿破旧衣服的子路却丝毫不感到自卑。这种气度不是假装出来的，而是靠内心的充实而逐渐形成的。拥有了真正的学问，高尚的情操，懂得了通达的世理，才不会看轻自己，把功名富贵和清苦贫寒看得十分平淡，由内而外表现出这种正直达观。

俗话说，相由心生。一个人如果内心不仁，必面相凶恶，而如若内心贪婪，面相自然也会表露无疑。人的修养与气度往往也是如此，内心的良好修为，会体现为外在气度上的雍容与大气。由此可见，气度对自身会起到相当重要的作用。

帕岱莱夫斯基是著名的钢琴家及作曲家，他准备到美国某音乐厅进行演出。那是一场人们期待已久的音乐盛宴，所有到场的观众都隆重地穿着黑色的燕尾服或晚礼服出席。当晚的观众中有一位母亲，带着一个活泼的9岁男孩。母亲希望孩子在听过大师的演奏后，会对学琴产生更大的兴趣。

等了好久演奏还未开始，孩子开始在座位上动来动去，表现得相当不耐烦。当这位母亲转头跟朋友交谈时，孩子再也按捺不住，从母亲身边悄悄溜走。他被舞台上那漂亮的大钢琴吸引。就在台下观众不注意的时候，男孩把手放在琴键上，开始笨拙地弹奏他最近学会的一首曲子。观众听见琴声，有人开始埋怨："谁把他带来的？""他母亲在哪里？""制止他！别让他弄坏了钢琴！"在后台的帕岱莱夫斯基也听见台前的琴音了。他赶忙跑到台前，站在小孩的身后。随即他伸出双手弹起了钢琴，并配合着男孩的音乐，他在小孩耳畔低声鼓励他："继续弹，不要停止……"一曲终了，台下掌声雷动。观众集体起立，为他们鼓掌，不只为大师的表演，更为大师的绅士风度。孩子的母亲更是热泪盈眶。这是比听演奏会更好的一个启蒙机会。

当然，培养自身的素质也不是一蹴而就的事。想养成恢弘的气度，平时的所作所为要从道义出发，思想与行为统一。天长日久，默默地用自己的品格去赢得他人的尊重。

气性平和，
成事之基

气性不和平，则文章事功，俱无足取；语言多矫饰，则人品心术，尽属可疑。

【意译】

如果一个人在处世待人时不能平心静气，那么，就可以断定他在做学问和做事上都难以有让人值得学习的地方。如果一个人的言辞举止虚伪不实，那么，无论在人品或是心性上都会令人怀疑。

【解读】

在日常生活中我们都会有一个发现，即越是心情烦躁、不够平和之时，做事越容易失去分寸。而且在学习和工作中，内心浮躁，使人更不容易得到同事间的理解和信任。

《围炉夜话》中直言，我们在生活中所犯的过失，大多是因为我们的性情出了问题，不能很沉稳平和地看待世事。如果不能及时调整，无论是生活还是学习，都会出现很大的纰漏，最后造成不可逆的后果。

一位资历尚浅的女孩在一家大公司做事。刚开始的时候，女孩虚心又勤奋，公司里上上下下对她的印象都非常好。部门经理问她想不想挑战一下自己，她欣然同意。经理给她的任务是陪同来自不同国家的学员参加一个高级研修班，她负责录像、记录和事务性工作，工作的任务量不是一般的重，而且相当烦琐。客户都是海外的大老板，她自己对比起来感觉差距很大，还要承受客户的冷言冷语。这些使女孩感到十分疲惫、压力很大。研修班结业的那一天，老总夸奖女孩做得好，要经理致电给她再让她带一个学习班，等这段时间过去，直接给她升职。经理也很开心自己的属下是一位强将，立即致电给她。没想到，经理电话刚打过去，女孩就大发牢骚，抱怨满天，说的都是过头话。经理当即挂断电话，没再多说一句。而公司余下的事务，也都交与别人打理，女孩也失去了晋升的机会。

平和的性情，冷静的思考，不虚妄、不矫饰的心态有助于把事情做好。"五五三三朵，潇潇落落姿。翩然来翠雀，小住得横枝。岂羡雕笼好，那知暖窨宜。以幽闲适性，画者具深思。"这朴实无华的语言，勾勒出妙趣横生、令人回味无穷的意境。只看这诗情，人们多以为是一个田园诗人所作，其实，这是乾隆皇帝作的题跋。乾隆终年89岁，作为一个皇帝能如此长寿，且一生作了一万多首诗，与气性平和是分不开的。

气性平和之人，大多给人以沉稳、踏实之感。而举凡讲话浮夸、矫揉造作的人，则会让人觉得华而不实、遮遮掩掩，使人对其人品产生怀疑。一个内心质朴善良的人，他所说的话势必平实可靠、口心一致。也只有这样的人，才能受人尊敬、立世安身。

气性乖张，
终为薄福之人

【原文】

气性乖张，多是夭亡之子；语言深刻，终为薄福之人。

【意译】

脾气性情怪僻或是执拗的人，多半短命。讲话总是过于尖酸刻薄的人，终是没有太多的福分。

【解读】

心理学认为，脾气古怪、乖僻、偏执、狂躁的人，往往人格都不够健全。而《围炉夜话》中所言"气性乖张，多是夭亡之子"，并非说这种人天生短命，而是性格的左右，使得他们做事有失公允，多疑而任性，不但伤害别人，也殃及己身。

性格不好不但容易惹恼别人，招来灾祸，而且使人常常内心不安，容易做出极端的事情。这样的性格往往是教育方式不当造成的，只有耐心的帮助才能使他们适应社会生活。如果任其发展，必然造成伤人害己的恶劣后果。

从前有一户农家，中年得子，夫妻二人简直是异常开心。他们对孩子非常宠溺，使得孩子气性乖张，为所欲为，只要什么事让他不顺心，立即大吵大闹。邻居常劝这对夫妻，不能对孩子这样，会把他宠坏的。而二人却不以为然。

孩子渐渐地长大，脾气也越发地坏了，有几次，他竟然因为一言不合，将母亲推倒。此时，夫妻二人才觉得该管教孩子了，可惜，孩子的乖张性格已经养成。

一天，邻居大婶家的鸡被孩子拿去烧着吃了，邻居大婶在家门外破口大骂偷鸡贼。孩子的父母问他："这事是不是你干的？"谁知道，孩子恼羞成怒，夜晚竟然跑去烧了邻居大婶家的鸡窝。可没想到，他身上穿的衣服是易燃的料子，熊熊大火将其吞没。所有人都跑出来救火，然而，为时已晚。夫妻俩看着自己娇生惯养的孩子落得这般下场，后悔不已。

除性格偏执、脾气古怪之人之外，世间还有一种人，专门以说话句句带刺为荣。与人相处时讲话尖酸刻薄图一时占得上风，却不去想自己的言语已伤害别人。没有人愿意和这样的人交谈，这样的人常常招人怨恨。一个招人厌恶和憎恨的人自然得不到他人的欢迎和帮助，福分也就自然会少。

清朝时有位老秀才，平日以教书为生。他天性尖酸刻薄，凡是听闻好人好事，都刻意挑剔。他的同行去世后，弟子给筹款置办棺衾，料理丧事，并扶养其妻儿，可老秀才却说："这分明是借机博得别人对他们'古道热肠'的称赞。"有一个贫民，母亲死在路旁。贫民跪着向路人乞钱买棺以安葬母亲，人们纷纷施舍。老秀才又说："这人是借尸发财，尸体未必就是他母亲。骗得了别人，可骗不了我。"久而久之，人们都怕他这张嘴，没人敢请他教书。他最终贫困潦倒。

生活原本不可能永远顺风顺水，如若不能很好地把控自己的性情，不但给他人带来无尽忧思，也将自己的未来之路阻滞。做一个守心淡定之人，留一份口德给他人，同时也会为自身带来很大的回旋余地。

惟静而镇之，方能淡然处之

【原文】

泼妇之啼哭怒骂，伎俩要亦无多，惟静而镇之，则自止矣。逞人之簸弄挑唆，情形虽若甚迫，苟淡而置之，是自消矣。

【意译】

蛮横而不讲理的妇人，除了哭闹、骂人，再没有其他花样了，只要让心情平静，不去理会，她自觉没趣，自然会停止吵闹。对于那些好造谣生事、颠倒黑白的人，不断地以言辞来侵害我们，自己似乎已经被他逼得走投无路了，但如果不放在心上，对那些毁谤的言语，听而不闻，他自然会停止无益的言辞。

【解读】

当人们遇到蛮不讲理的人时，会感到根本无法交流和沟通。其实，这些愚笨无知的人不值得与之计较，采取漠不关心的态度，让其自知无趣就好了。

佛陀这个称呼，在佛教中意味着已经修得功德圆满，精神上已经不再有俗世的缺陷。一个寺院中的住持已经修炼为佛陀，然而，有些居士却一直觉得他没有那么高的修为，总是想试探他。一个女居士想出了一个办法。为了污蔑佛陀，她居然用一个盆子，扣在肚子上说自己的身孕是佛陀所为，并且在佛陀宣扬佛法的路上横加阻拦，当着大家的面要佛陀说个清楚。当时路人大多窃窃私语，想看佛陀会做出什么举动。没想到，佛陀一言未发，款款而行。女居士气得暴跳如雷，没想到她一跺脚，盆子便跌落在地。佛陀的弟子非常气愤，要去找女居士理论，佛陀笑曰："我并未因此就少些什么。"没过几天，有很多人相继离开了佛陀，因为他们觉得佛陀太过软弱，不足为信。佛陀面对此事给出的回应是：雄狮从来不是因为叫声而使得别的动物颤抖。

佛陀之所以修成正果，是因为他的内心淡定而冷静。他身体力行地用事实告诉人们：人皆有怒火，但是如何能把怒火化为无形，才是最重要的。

我们用任何方式都不能堵住众人的悠悠之口，就如同我们不可以用自己的方式去转换他人的思维。然而，我们可以调整自己。当我们做到"静而镇之，淡然处之"，我们自然也就会顿悟，这世上，只要我们坚信自己是对的，其他人说些什么并不重要。而一旦坚定了自己的内心，他人不当的言行反而会被我们强大的内心转换为强烈的斗志，帮助我们更加坚定自己的信念，走上成功的道路。

与"泼妇"一样的人相比，更加可恶的是那些挑拨离间的小人，他们靠一张利嘴，搬弄是非，使人身陷烦恼。如果把心胸放宽广，毫不理会，小人见他的言语根本无法使你受伤，也就自会停止散布谣言。

鲁迅先生作为一个用笔如刀的文人，所遭遇的流言飞语简直超出常人的承

菜根谭·小窗幽记·围炉夜话（精华版）

受能力。对此，他一直都坚持着自己的两个原则：一是不理不睬；二是淡然处之。他早就在文章中指出："'流言'本是畜类的武器，只有内心惶恐不安的人才会使用颠倒黑白的手段来嫁祸于人，实在应该不信它。"他在写给众多友人的信里，反复地申明："我不管谣言，不写辩正信。有些人好造谣言为乐，倘使一一注意，正中其计，我是向来不睬的。"尤其是在他晚年时，面对流言飞语、恶意中伤，表现得心如止水、不动声色。他对朋友说："我现在得了妙法，是谣言不辩，诬蔑不洗，只管自己做事。"

因而，不要将气性理解为动怒，不动声色、冷静而淡定地去面对世事，才能使自己的人生圆满。

第 21 章

基业：
面对世界，你总要做些什么

心动于警励，
方可齐家治国平天下

【原文】

常人突遭祸患，可决其再兴，心动于警励也。大家渐及消亡，难期其复振，势成于因循也。

【意译】

一个普通的人在突然遭受灾难的打击后，一定能够重新振作、重整旗鼓，因为突如其来的灾难使他产生警戒心与自励心。但是，如果是大户人家整个群体逐渐衰败，就难以指望会再重新振作起来，因为许多因循守旧的习性早已形成，想改变是很难的事情。

【解读】

俗话说："富不过三代，穷不过三代。"贫门小户处贫困之中而思崛起，即使遭遇祸患，损失也小，总因"船小好掉头"，可再图发家。其实，"道德传家，十代以上，耕读传家次之，诗书传家又次之，富贵传家，不过三代"。要想家族兴盛不衰，就要明白"逸豫可以亡身"的道理，立德治家，有忧患意识。

就算一个家庭再穷，也还会有再度振兴的机会，因为灾难和变故会让这些原本就一无所有的人获得经验以及警示。在以后的日子里，他们会规避风险，走向坦途。而那些原本就富裕的大户人家，因其家大业大，所以对灾祸所带来的风险会产生小觑心理，最终因此而走向衰败。

在清朝时，有一个大户人家，虽说称不上富可敌国，但绝对担得起富甲一方的赞誉。他们有一个穷亲戚，因为偶尔被接济，所以，每逢田地里收获了新鲜的蔬菜，一定会送到城里给富户尝鲜。

穷亲戚世代种田，对于查看气候非常有经验，他发现未来有干旱的迹象，于是提醒家人挖地窖，储存粮食，并将这个消息及时地告诉了富户。而富户人家却觉得这根本就没什么，自己家大业大，有那么多钱，还能饿死嘛。穷亲戚苦苦相劝，说是若干年前，自己家遭遇过这样的事情，父亲就是活活饿死的。富人冷冷一笑：你们那么穷，自然没钱买粮食。你要是像我这么富有，你父亲肯定不会死。没办法，穷亲戚只好回家指挥家人多储备粮食。

果然遇到了大旱之年，田地都被晒得龟裂，种植的农作物统统旱死，富户人家的管家花再多的钱都买不来粮食，大家陷入吃了上顿没下顿的凄惨境地。好在穷亲戚及时地把粮食拿出来给了富户，富户羞愧地表示，以后对无论什么事情都不敢再掉以轻心，否则，后果真是不堪设想。

一个家族的兴旺与衰落，一个人的成功与失败，往往与这家人或此人能否未雨绸缪有着重要联系。如果总是无忧无虑地度日，没有对灾难做好有效的防护措施，将来必定会受到风暴的冲击，而难以翻身。相反，如果一个人或者一个家庭能够防微杜渐，不志得意满，那么就算遭受不幸，也会很快有条不紊地做出部署，且行之有效地将损失减少到最低。

所以，想要治国齐家平天下，筹谋未来、存有警励之心，是非常重要的。

奢侈足以败家，吝啬亦足以覆事

【原文】

奢侈足以败家；悭吝亦足以败家。奢侈之败家，犹出常情；而悭吝之败家，必遭奇祸。庸愚足以覆事；精明亦足以覆事。庸愚之覆事，犹为小咎；而精明之覆事，必见大凶。

【意译】

奢侈挥霍足以使家道颓败，而吝啬小气也一样能使家道败落。因为奢侈浪费而败光家业，有常理可循，往往可以预见；而因为斤斤计较而遭遇家道颓败，却常常是由于遭受了出乎意料的灾难。因为愚笨可以使事情失败，而太过精明能干亦足以使事情失败。由于愚笨而败坏事情，只是个小过失；而由于过分精明而造成事情败坏，那就很严重了。

【解读】

因为奢侈挥霍钱财散尽，最后导致穷途末路，衣食难以周全，此种事例在现实生活中比比皆是。小到个人，大到一个国家，任性挥霍如果不能得到严格控制，就会造成恶果。

公元965年，宋兵攻入成都，后蜀国君孟昶投降宋朝。之后，宋太祖派大臣到成都查检后蜀的地图书籍、仪仗器物。大臣回京之后，因他所送上的仪仗器物都不符合法度，宋太祖就下令全部烧毁，只将地图书籍交给史馆。宋太祖看到孟昶使用的器物奢侈过度，甚至连溺器也用珠宝来装饰，就马上下令击碎它，并说："奢靡到如此地步，要想不亡国，可能吗？"

虽然想要控制住奢靡的陋习不是件难事，但是凡事不可太过，如若以为小气吝啬、斤斤计较就能使江山稳固、家业昌隆，无疑又走进了另一个误区。无论是对事还是对人，如果太过小气，结果只会给自己带来痛苦。

三国时期的曹洪是曹操的堂弟，领兵打仗是个人才，曾数次舍命救过曹操，并随着曹操南征北战，屡屡征伐有功，被拜为都护将军。曹洪有一个特点，就是非常能攒钱。只要是赚钱的机会，他绝对不会放过。不但能赚钱，曹洪还异常地吝啬、抠门，他认为钱是省出来的。在当时那个年代，曹洪所储之款连曹操也自认不及。

魏文帝曹丕还在做太子的时候，有一次找曹洪借一百匹绢，并承诺一旦方便了，马上奉还。一百匹绢对曹洪来讲，根本就是小事，可他百般推托就是不愿意借，结果曹丕派去的人悻悻而归。曹丕为此怀恨在心，等到他继位，立即找了个由头，把这个堂叔下到狱中，准备处死。后来幸得卞太后求情，曹洪才免于一死，但被施以削官职、减爵位之处罚。

可见，任何事情都不可走极端。有些人家财万贯，却吝啬到极点，铁公鸡一般，连自己的衣食供应都不肯花钱，但钱财生不带来、死不带去，传与子孙；子孙无人管制，就会尽情挥霍，终致败家。总而言之，凡事懂得适可而止，选择中庸之道，方能成就自身。

菜根谭·小窗幽记·围炉夜话（精华版）

勤俭蕴含廉洁，
艰辛总有回报

【原文】

俭可养廉，觉茅舍竹篱，自饶清趣；静能生悟，即鸟啼花落，都是化机。一生快活皆庸福，万种艰辛出伟人。

【意译】

勤俭的生活能够培养一个人廉洁的品性，即使居住在竹篱围绕的茅屋里，也自然能感受到清新的趣味。人在宁静的环境中，更能领悟天地间的道理，即使鸟儿啼叫，花开花落，也都是天地造化而成。能一生过快乐自在的生活，只不过是平凡人的福分；历尽艰难困苦的磨砺，才可能成就一个杰出伟大的人物。

【解读】

诸葛亮在《诫子书》中说："夫君子之行，静以修身，俭以养德，非淡泊无以明志，非宁静无以致远。"勤俭的人没有非分的欲望，不会被名利迷惑心智，即使过着简单的生活，也自得其乐。相反，那些沉迷于名利的人，极易在名利的引诱和驱使下失去正确的人生方向。

南宋名臣张浚四岁时不幸成了孤儿，但小小年纪的他，行直视端，不说诳言，熟人知为大器，于是小心栽培。而张浚也非常懂事，勤俭顾家，长大后的他入太学，登进士第，后又成为抗金名将。

虽然成了功成名就的大官，张浚一直没有忘记微时的辛酸，要求家中主妇以及仆人，一定要珍惜一切，节俭度日。他的夫人非常不解，觉得以他的俸禄，就算奢侈些也不是什么大不了的事，张浚则回答："人的心，得陇望蜀，一旦打开欲望的缺口，必定会滋生贪欲，时间长了，自己也就很难再做一个清官了。虽说现在粗茶淡饭，粗布素衣，然而每天心静如水，不必忧思焦虑忐忑，已属生活中的大自在。"

后来张浚因与奸相秦桧政见不和，被贬往湖南零陵做地方官。他出发时，只带了几箱子旧物。桧党诬告他与乱党有关系，宋高宗派人去抄家，却只看到一些书籍，虽然也有书信，但里面都是忧国爱君的话。此外就是破旧衣服，宋高宗大为意外，非常感动，说："没想到张浚贫穷到如此地步！"于是派使者追赶去送他黄金三百两。

普通人都希望早日拥有幸福，并尽量远离忧愁、劳累。而那些伟大的人物则有着广阔的胸怀，清楚只有经历艰辛的付出、持久的努力才能成就一番事业。

而还有些人，原本心中有着自己的理想，宁守清贫也愿意坚持。可随着诱惑的降临，物欲的念头再也控制不住，最后铸成悲剧。

老刘在一家大公司工作了整整十五年，跟他一起进公司的人都成了骨干，唯独他还在最基层工作，然而老刘的心态特别好，每天对待工作都秉承着勤勤恳恳的态度。老刘的工作热诚一直都得到大家的认可。公司里进行一次大规模的人事调动和任免，终于将老刘提拔了起来，做了财务总监。当大家都为他贺喜时，老刘脸上终于也露出了按捺不住的得意。

没想到，短短一年的时间，老刘竟然锒铛入狱。他竟然利用职务之便，监守自盗，挪用公款，这个结果让人大跌眼镜。而老刘自己则说，没有机会的时候，自己一点非分之想都没有，可是，看到唾手可得的钱财，自己终于难以自持。

实际上，一个人的生活幸福与否，和物质并无太多联系，反而是心态主宰着芸芸众生的喜怒哀乐。如果常常"见物忘我，身为欲驱"，那么世间的恩怨与欲望多到车载斗量，时常纠结在"得不到"就失衡的情绪中，就算华佗在世，恐怕也无良方。但知足常乐不是不求上进的借口，所谓知足是规劝人要常保持淡定的心态。知足是在不尽如人意的现实面前，在无可奈何的挫败之后心理复衡的一种策略，让人们在经历风雨后，更能感知雨后彩虹的美丽，在历经磨难后，越发珍惜当下安稳的可贵。

人贵自立，
且看尧舜之功绩

【原文】

尧舜大圣，而生朱均；瞽鲧至愚，而生舜禹；揆以余广余殃之理，似觉难凭。然尧、舜之圣，初未尝因朱、均而灭；瞽、鲧之愚，亦不能因舜、禹而掩，所以人贵自立也。

【意译】

尧帝和舜帝都是古代的圣贤，他们的儿子丹朱和商均却是不肖的子孙；瞽和鲧都是愚昧的人，他们的儿子舜和禹却是极为贤明的圣人。如果按善人留给子孙德泽，恶人留给子孙祸患的道理来说，似乎讲不通。然而尧帝、舜帝的圣明，并不因后代的不贤而有所毁损；而瞽和鲧自身的愚昧和昏聩，也无法被舜、禹的贤能所掩盖，所以做人最重要的是能够做到自立自强。

【解读】

人生在世，贵在自立自强。祖上无德，只要自己奋斗不止，坚持不懈，也能成为圣贤之人。舜和禹便是其中的经典之例，舜之父瞽叟品行恶劣，曾与妾及舜的弟弟联合起来谋害舜；禹之父鲧愚昧，不能有效治理水患。但舜和禹却奋发图强，成为后人心目中的贤人。

祖上有德，但自己却不思进取或沉沦堕落，也会为人所不齿。丹朱和商均是其中的经典之例。丹朱之父尧，是古代之圣贤，为后人所敬仰，但丹朱却不思进取，自甘沦落。商均之父舜，名声显赫，以德高爱民著称，但商均却无所作为。

人长大后，不能总依赖父母生活，想在世上安身立命、自立自强，就必须有一技之长。即使世事无常，境遇不断变化，自己的生活也会有所保障。

香港巨富李嘉诚富可敌国，作为他的儿子，只要守住家中的基业即可享受荣华富贵。当年，他的两个儿子李泽钜和李泽楷都以优异的成绩在美国斯坦福大学毕业。李嘉诚想要他们回自己的公司施展宏图，干一番事业，但李泽楷果断地拒绝了，他觉得在父亲创办的公司中工作，很难发挥自己的才能。既然父亲当年能够白手起家，那么，自己也可以做到，等到自己真正具备了独当一面的能力，再去家族企业工作也为时不晚。当李泽楷说出自己的想法后，李嘉诚沉吟良久，赞许地表示同意。

于是，兄弟俩去了加拿大，一个搞地产开发，一个去了投资银行。他们克服了难以想象的困难，把公司和银行办得有声有色，成了加拿大商界出类拔萃的人物。所有人都赞叹李家真是虎父无犬子，李嘉诚则谦虚地表示，是孩子们的自立、自强使得他们有了今天的成绩，也造就了他们今日勇敢坚毅、不屈不挠的人格和品性。

人的一生看似很长，可除去幼年懵懂、老年力衰之外，可用来学习成长、建功立业的时间并不多。所以人在年少时就应该树立高远的目标，并督促自己循序渐进地实现理想。免得岁月徒增，庸庸碌碌无所作为。

没有人甘愿庸庸碌碌地枉活一世。如果祖辈不能给予我们有力的庇护，那也不是什么坏事，只要肯坚定自己的信念，努力奋斗，不因一些外来的压力对这个世界做出妥协，到最后，我们一样会有出人头地的一天。相反，就算上辈留给我们深厚的根基，如果我们不会妥善利用，而在心中萌生出我是"富二代"的想法，不劳而获，就还是会深陷不能自立的境况中，难以脱身，这是对自己人生的不负责。

在这纷繁而浮躁的世间生存，与其仰仗他人，借助外力，以期为自己求得一份安稳，不如及早让自己"自强自立"，坚定自己的理想与信念，为自己谋求一份真正属于自己的生活。

人皆欲富贵，
得到后如何施行

【原文】

　　人皆欲贵也，请问一官到手，怎样施行？人皆欲富也，且问万贯缠腰，如何布置？

【意译】

　　每个人都希望得到高贵的地位，但是请问：一旦得到官位，应该如何推行政务，改善人民的生活？人人都希望自己很富有，但是是否想过，自己一旦腰缠万贯，要如何将这些钱用到有益之处？

【解读】

　　许多人发奋努力，只是奔着富贵显达的目标而去。一个对于官位梦寐以求的人，当他如愿时，不妨问他，得到了官位，你怎样施行政务，怎样行使手中的权力，怎样体恤百姓，怎样惠民利民。对于那些梦想着家财万贯的人，一旦拥有了财富，他如何利用他的钱财，是多做善事，还是吝啬自私？道德高尚的人为官一任，造福一方，而品质卑劣的人作威作福，鱼肉百姓；心怀仁爱的人拥有了财富，救济贫困，解人之难，而低俗自私的人只会奢靡浪费，显示炫耀。可见，一个人的道德水平决定了权力与富贵发挥着怎样的作用，只有内心端正，才能在富贵显达后成为有益于社会的人。

　　倪萍作为知名主持人，并非商界精英，也非名流巨富，然而，她觉得自己的名气都是百姓所给，自己有了今天的成就，自然要为百姓做些什么。当中国扶贫基金会慈善晚会找到倪萍时，她立即积极响应，并拿出自己以芭蕉和丹顶鹤为素材的国画《韵》，来到现场参加拍卖。她对媒体说："我从拿起画笔到现在，也就一年时间。当时想给新书《姥姥语录》找插图，结果没找着，我就自己画了。画了十多天，很多人不相信是我画的。尽管自己是个初学者，不能与那些大家相比，但为了做慈善，我还是壮着胆子来了，即使这幅画只能卖几千元，我也很荣幸。"

当得知《韵》的起拍价为20万元时，倪萍连连摆手道："不值不值！我看过太多大家的画和珍品，我的画真不值这么多钱。"亚洲电视总裁王征开玩笑说："如果最后拍卖价超过20万元怎么办？"倪萍认真地说："我知道自己能吃几碗饭，绝对卖不到这个数。"

拍卖开始，台下买家纷纷举牌，眼见价格一路飙升，很快突破30万元、50万元、60万元……当一位买家报出88万元时，倪萍已激动得说不出话来。就在这时，一位年轻买家喊出了100万元的价格，倪萍赶紧抢过拍卖师的话筒激动地说："好弟弟，我的画我最清楚，它真不值这么多钱，不值！"年轻买家笑着说："一幅作品没有什么值与不值，我是为您的慈善之心所感动，所以，我也要为那些需要帮助的人做点什么。"全场掌声雷动。

对于已经拥有富贵和事业达到鼎盛的人来说，懂得合理地运用金钱，明白怎么去回馈社会，那么，他就是一个品格高尚的人，自然也会受到大家的尊敬与爱戴。当一个人在工作中有了建树，能够首先想到我要为这世界做些什么，那么，世界回报给他的自然也是一个明媚的未来。

第 22 章

良心：
不欠不怨不悔不伤，一世安宁

大丈夫处事，
论是非不论祸福

【意译】

　　有志向的人在处理事情时，只问如何做是正确的，并不问这样做会为自己带来的究竟是福分还是灾祸；有学问的人在著书立说的时候，最重要的是立论要公平公正，若能更进一步要求精确、详尽，那就更可贵了。

【解读】

　　一个有气节、有抱负的人在做事时公私分明，他们首先考虑的是"是"与"非"，而不是自身利益的得与失。正如晚清爱国志士林则徐所说的："苟利国家生死以，岂因祸福避趋之。"在他们心中真理高于一切，他们可以为之忽略个人的祸福。正是这种精神激励着后人，为大义做出前赴后继的斗争。

　　林则徐接受道光帝的任命，在广州大举禁烟之时，自己内心已经明了，他开始走向了一条不能顾及自身生死的道路。广州十三家官方授权的洋行，仅仅靠从英国进口鸦片并贩卖给国人的勾当，已经赚得盆满钵满，家家赚得银两以数千万计。林则徐的做法无疑是阻断了他们的财路，因此，这十三家洋行为了对付林则徐想尽了办法。

　　林则徐将供应鸦片的英国人所住的商馆派人团团围住，不允许逃跑一人，英国人为此气急败坏，采用银弹攻势，试图用大量金钱贿赂林则徐，让他能睁一只眼，闭一只眼，放自己一条生路。

　　可他们没想到，林则徐根本就不吃这一套。于是，十三家洋行放出话来，如果林则徐一意孤行，那么，他要小心自身安危。林则徐坦然一笑，加大了收缴鸦片的力度。顿时，当地凡是依仗贩卖鸦片牟利的商家都陷入恐慌之中。最终林则徐在禁烟运动中取得了决定性的胜利。

对于林则徐这种有着自己坚定目标的志士来讲，只要他确定自己的前进方向是光明的、是正确的，他就必然不会理会在事情进展的过程中遭遇到的关乎己身的所有危险与阻碍。于某些人来讲，做人做事讲究的是左右逢源、长袖善舞，一切以自己的利益为准绳。而对一个有气节、有抱负的人来说，他的行事准则是良心，是操守。在这些志士的眼里，人的一辈子，只有做到不欠不怨不悔不伤，才能一世安心。例如有道德操守的学者，著书立说、发表影响后世的言论时，坚守客观公允的原则，并尽量准确详尽。因为言论和学说都有广泛的影响，如果出现偏差、错误，就会误导世人。只有准确公正，才会有启发人、教育人的作用。

贫贱非辱，
谄媚为羞

【原文】

　　贫贱非辱，贫贱而谄求于人者为辱；富贵非荣，富贵而利济于世者为荣。讲大经纶，只是实实落落；有真学头号，决不怪怪奇奇。

【意译】

　　贫穷与地位卑下，并不是可耻的事，可耻的是因为贫穷或卑下，便去阿谀奉承别人，想求得一些施舍。富贵和显达也不是什么值得夸耀的事，光荣的是富贵而能做一些对世人有利的事。那些经世治国的学问，应当是实在可行的。真正有学问，绝不会高谈怪诞不经的言论。

【解读】

富贵并不能成为一个人成功的标签。贫穷并不是令人耻辱的事，如果不自轻自贱，勤奋节俭，发奋努力，就终会出人头地。

北宋时的范仲淹读书时，每天煮一锅粥，等粥凉了凝成块，用刀切成四份，早晚各吃两份，就着盐浸的野菜充饥。有个大官的儿子见范仲淹生活如此艰苦还吟诵不绝，很不理解，便把这件事告诉了父亲。他父亲说："这是个有志气、有出息的孩子。你把咱们家的好饭菜送些给他吃吧！"但范仲淹一点也没有动。同学问他原因，范仲淹恳切地说："你们父子的深情厚意，我十分感动，只是我平时已经习惯了吃粥，并不觉得苦，现在如果突然享受这么好的饭菜，以后还能坚持得下去吗？"正是凭着这样的骨气和毅力，范仲淹成为"先天下之忧而忧，后天下之乐而乐"的政治家和文学家。可见真正可耻的不是清贫，而是身处贫贱却没有上进心，向富贵者屈膝献媚以求得利益，这样的人就失去了尊严。

无论做人还是做学问，讲求的都是是非观念，而非哗众取宠。越是有学问之人，越是能从生活的细微处去找寻发人深省的道理，而那些大肆宣扬谬论的人，企图以此吸引别人的眼球，得到别人关注，最多只能得逞于一时。

曾经有兄弟二人同做洗化生意。他们刚开始用同样的配方做一款洗发水，而后有客户反映，用了这款洗发水，头皮发痒，所以，销量渐渐地下滑。哥哥为了能找出解决问题的关键不惜花重金聘请技术人员，可这时候弟弟不同意，弟弟觉得，只有加大广告力度，把洗发水卖出去才是关键。最后，兄弟两个终因理念不同而分道扬镳。

弟弟轰轰烈烈地搞宣传，初期效果确实很好。而哥哥踏踏实实地找到了应对头皮发痒的方案，换了品牌名称的洗发水在哥哥手中热销。弟弟的生意好了一阵子，最后因为客户大量投诉而导致货品下架，一败涂地。

贫穷、卑微、困窘，可以作为我们激励自己的动力，但内心缺乏操守之人，却做不到这一点，他们为了一己私欲，不知羞耻，自轻自贱，到最后也得不到圆满的结局。

长存济世之心，
此生不虚度

【原文】

　　但作里中不可少之人，便为于世有济；必使身后有可传之事，方为此生不虚。

【意译】

　　做一个在乡里不可缺少的人才，就是对社会有所贡献。一定要在死后有足以被人传颂的事迹，这一生才算没有虚度。

【解读】

　　想成为"济世"之才，并不一定非要做出轰轰烈烈的事。一个人只要能尽自己所能，哪怕是在乡里做些对民众有益的事，也是值得称道的。做一个不计较个人得失，心怀大众的人，才能受人尊重。

　　也许有的人会说，我对待其他人好，可并未见他领情或者道谢，那么，我岂不是白费工夫？实际上，存有济世之心，不能做些好事就要让人记得和感恩，这种想法和《围炉夜话》中的理念相悖。也有的人表示，自己就算心存济世之意，可是一无财力，二无权力，没有能力去帮助别人。实际上，只要人心中有善念，那么在点点滴滴的小事中，都能看出他的情怀。

　　"台湾乌脚病之父"王金河，在他的故乡名声显赫。当年，在台湾乡下，乌脚病成了让乡下人最痛苦不堪的一种疾病。王金河赴日习医后不顾老师留校任教的挽留，也没有在大医院任职，而是返乡执业，专攻乌脚病为乡民消除病患。

　　王金河医师将大半生投入到乌脚病的医治中，期间摸过三四千双发黑的病脚。他不只治疗病患，连患者的洗澡、倒尿等照顾工作都亲力亲为。当地是乡下，当时的人们大多穷困潦倒，王金河甚至在诊所里打上地铺，留宿那些病人并提供免费的膳食。当有些病患因病死亡，无钱安葬，王金河出钱出力，和大家一道抬着病人妥善入土。王金河的所作所为感动着这些人，大家都开始跟着王医生一道处处为病人着想，能多付出一点就付出一点。经过王金河的努力，疑难杂症"乌脚病"目前在台南已经根绝。

人如果想在身后留下美好的名声，除了具有杰出的才能，还一定要具有高尚的品德。那些卑鄙恶劣的小人就算再有才学，积累再多的财富，也只能留下恶名和骂名。

实际上，对他人好并不一定要使其获利。有的时候，我们一个善意的微笑，都是对他人友好的一种表现。"赠人玫瑰，手有余香"，实际上就是心怀济世之心的真实写照。与其说我们在善待他人，不如说我们在修炼自心。当我们帮助他人做下一点好事，当他人微笑着对我们说声谢谢，我们所收获的那种心灵愉悦，不正是我们"此生不虚度"的表现吗？而一个人能让自己时刻"胸怀济世"，还何愁此生虚度呢？

仁爱当先，念念皆仁厚

【原文】

治术必本儒术者，念念皆仁厚也；今人不及古人者，事事皆虚浮也。

【意译】

治理国家之所以必定要从儒家的方法出发，主要的原因在于儒家的治国之道都出于仁慈宽厚之心。现在的人之所以比不上古人，就在于现在的人所做的事都虚浮、不实在。

【解读】

一种思想或学说能否被社会所认同，要看它能否使社会和谐，百姓乐业。儒家思想之所以受到推崇，是因为其整个思想体系都出自一个"仁"字。儒家思想以仁爱为本，主张规范人们的言行，使人们讲究伦理、纲常，以实现社会的稳定。虽然随着社会的进步，儒家所提倡的仁孝节义显现出一定的局限性，但就整体而言，儒家思想从封建社会至今，都起到过积极的作用。

古人做事讲求仁字，事事仁爱当先，以理服人。而后来的人们，变得空虚而浮躁。只看到眼前的利益，不再去管事物的本源。常常以儒家学者的名义，做欺世盗名的事。一味追求名利，而不再脚踏实地地做事。这些人都是虚浮的代表。

原籍赵国的赵高，其实是一个非常聪明的人，饱读诗书，过目不忘。赵高原本是赵国王族远支族属。后来赵高的父亲犯了罪被判处宫刑，赵高和弟兄数人也一律被处以宫刑，在秦国王宫做了奴隶。秦始皇听说赵高能力强，精通刑狱法令，便提拔他担任了中东府令，兼行符玺令。赵高成了掌管皇帝车马和能自由出宫的官吏。

赵高手中有了权力，他没有想到好好脚踏实地地为百姓着想，反而利用手中的职权，对关系国计民生的各项经济事务横加干涉，侵夺民田，操纵赋税，控制国库。几年的时间，赵高就成了财富难以计数的富翁，其爪牙也大发横财，国家的财力却日趋薄弱。赵高入秦宫20多年，弄虚作假，弄权不止，贪欲不足，终得报应。他通过发动两次宫廷政变，陷害了无数无辜的人，加速了秦朝的灭亡。

人内心要时刻保有仁爱的信念，才会在未来的道路上行得正，走得直，否则，一步踏错，回头已晚。一个人在处世时如果过于刚正就会让人觉得迂腐，太不懂得变通，但如果过于圆滑，怀有自私之心，往往就会令自己走入到虚浮的境地。高尚而有内涵的人则摒弃这种轻浮、虚假的行为，保持内心的质朴，踏实勤奋地做事。

第 23 章

宽己：
世事无常，淡定就好

稳当话却是平常话，
本分人即是快活人

【原文】

　　稳当话，却是平常话，所以听稳当话者不多；本分人，即是快活人，无奈做本分人者甚少。

【意译】

　　既安稳又妥当的话，经常是既不吸引人也不令人惊奇的，所以喜欢听这种话的人并不多。一个人能安分守己，不奢望过分的事，就是一个愉快的人了。只可惜能够安于平淡、不妄求的人，实在是太少了。

【解读】

　　语言本是为了有效地表达和交流而产生，没有必要一味追究华丽和奇特。平实的话语虽然会让人觉得平淡无奇，却往往蕴含着朴实而深刻的道理。只有积累了一定人生阅历的人才能体会到这些，他们才会用最简洁、最质朴的语言表达自己的思想。

　　在某些时刻，我们会羡慕一些能言善辩、巧舌如簧的人，从他们口中说出的话，往往悦耳动听，如春风拂面。随着时间的流逝，经过事实的验证，我们却慢慢察觉，看似平平常常的话，才蕴含着无数哲理，是人生经验的凝结与提炼。当千帆过尽，我们才终于学会了平平淡淡地说话，实实在在地做人。

　　汉朝时，有一个叫陈实的人。他为人正直，不会花言巧语，且为官清廉，所以深受百姓的爱戴。

　　有一天上午，陈实从街市返回的路上，与曾一起供职的朋友意外碰面。寒暄一阵后，因为多年未曾谋面，陈实执意要请友人到自家去好好叙上一番，

　　一进家门，陈实就忙着准备酒菜。把家里最好的酒都拿出来招待客人。友人很是感动。

　　吃完饭，陈实把友人领进了书房，欣赏了几幅他自己画的字画。陈实这辈

子，虽然不图名利，但是，一直为自己的画作感到特别骄傲。友人欣赏过后，却频频摇头。陈实急忙问："仁兄难道觉得我画的画不好吗？"友人笑着说："我觉得，你有画画的时间，不如做些别的，在这方面，你确实没有什么天赋。"

客人走后，陈实闷闷不乐。他的夫人看见，不高兴地说："你那是什么朋友啊，一点都不会说话，吃了人家那么多东西，回过头来说人家的画不好，怎么天底下会有这种人？"

陈实斥责了夫人，他觉得这顿饭没有白请。能在这种情况下还直言不讳的人，一定是性格直率、不藏奸诈的人。有这种朋友，对于自己是一件幸事。

除了对平实的话兴味索然之外，人们还大多不喜欢过平淡的生活。人们梦想的快乐人生一定是富贵奢华的，是无拘无束、尽情享受的。太多的人为了得到这样的生活而使心灵受到腐蚀，最终陷入苦闷之中。其实生活的快乐就在看似平淡而绵长的日子里，人生的幸福就在踏实而安心的自在之中。

处事要代人作想，
读书须切己用功

【原文】

处事要代人作想，读书须切己用功。

【意译】

处理事情的时候，要多替别人着想，看看是否会因为自己的方便而使人不方便。读书的时候，一定要自己认真地下工夫。因为学问是自己的，别人没办法代替你。

【解读】

我们每个人内心都会有一些利己的想法，很难自发地为别人着想，但在为人处世的过程中会发现，并不是处处斤斤计较就一定能得到好处。人如果时时处处围绕自己利益作打算，不肯帮助别人，反而防范别人、利用别人，就很难得到快乐，更不能得到别人的信任与尊重。如果人人如此，这世间岂不是变得毫无温暖可言了？因此，遇事要学会替别人着想，只有多给别人一些理解，才能有发自内心的包容，才能有真诚友好的援助。

从前，一个牧场主养了许多羊。他的邻居是个猎户，在院子里养了一群凶猛的猎狗。这些猎狗经常跳过栅栏，袭击牧场里的羔羊。牧场主人的夫人几次三番请猎户把狗关好，猎户却不以为然，只口头上答应。没过几天，他家的猎狗又跳进牧场横冲直撞，咬伤了好几只小羊。

忍无可忍的牧场主夫人气愤不已，她跑到镇上，买回几条更凶狠的猎狗。回到家，她气哼哼地说："这回好了，他的猎狗若是再敢跳过来，我家的这些猎狗就会咬死它们。这也不怪我，我三番五次地提醒他，谁让他管都不管。"

牧场主提醒夫人："你这种做法是不对的，就算你暂时报了仇，那以后呢？猎户没了狗，他肯定也会不依不饶。也许，他还会去想其他法子来报复你，那咱们两家以后还如何相处？"

夫人生气："难道这事就没办法了吗？咱们就要听之任之，让他的猎狗来咬我们的羊？"

牧场主说："我给你出个主意，按我说的去做。不但可以保证你的羊群不再受骚扰，还会为你赢得一个友好的邻居。"

于是，牧场主的夫人就按牧场主说的挑选了三只最可爱的小羔羊，送给猎户的三个儿子。看到洁白温顺的小羊，孩子们如获至宝，每天放学都要在院子里与小羔羊玩耍嬉戏。因为怕猎狗伤害到儿子们的小羊，猎户做了个大铁笼，把狗牢牢地锁了起来。

从此，牧场主的羊群再也没有受到骚扰。为了答谢牧场主人的好意，猎户开始送各种野味给他，牧场主也不时用羊肉和奶酪回赠猎户。渐渐地两人成了朋友。

世事原本如此，有些时候，太过利己地考虑问题，往往会使结果适得其反。如果能够站在对方的立场思考，事情也许会变得简单。

古往今来，读书一直受到人们的重视，被视为安身立命乃至治国安邦的途径。然而，这件重要的事却没有人可以代劳，只有自己勤恳地用功，才能把学到的知识和道理，转化成自己的智慧。

以信立身，以恕接物

【原文】

一"信"字是立身之本，所以人不可无也；一"恕"字是接物之要，所以终身可行也。

【意译】

一个"信"字是吾人立身处世的根本，一个人如果失去了信用，任何人都不会接受他，所以只要是人，都不可没有信用。一个"恕"字，是与他人交往时最重要的品德，因为恕即是推己及人的意思，人能推己及人，便不会做出对不起他人的事，于己于人皆有益，所以值得终生奉行。

【解读】

自古以来，诚信一直被人们视为美德，视为人的立世之本。看重自身信誉的人言必信，行必果，勇于承担自身的责任，人们都愿与他们交往，充分相信他们。而无视信誉的人轻诺寡信，从来不会认真履行自己的职责，还会为了自己的利益欺骗别人。时间久了，势必会遭到别人的疏远。信誉除了对于个人很重要之外，对于整个社会而言同样不可或缺，整个社会如果缺乏信任感，必然会出现信任危机，造成人心冷漠。

北宋词人晏殊素来以诚实、有信誉著称。在他十四岁时，有人把他作为神童举荐给皇帝宋真宗。皇帝召见了他，并要他与一千多名进士同时参加考试。结果晏殊发现考试题是自己十天前刚练习过的，就如实向皇帝报告，并请求改换其他题目。宋真宗非常赞赏晏殊的诚实品质，便赐他"同进士出身"。

晏殊当职时，正值天下太平。于是，京城的大小官员便经常到郊外游玩或在城内的酒楼茶馆举行各种宴会。晏殊家贫，无钱出去吃喝玩乐，只好在家里和兄弟们读写文章。宫中官员经常在背后把晏殊当笑料，议论他如何如何地穷，晏殊听了也不气恼。后来真宗提升晏殊为辅佐太子读书的东宫官。大臣们惊讶异常，不明白真宗为何做出这样的决定。真宗说："近来群臣经常游玩饮宴，只有晏殊闭门读书，如此自重谨慎，正是东宫官合适的人选。"晏殊谢恩后笑着替群臣解释说："我其实也是个喜欢游玩饮宴的人，只是家贫而已。若我有钱，也早就参与宴游了。"这两件事使晏殊在群臣面前树立起了信誉，而宋真宗也更加信任他了。

"严以律己，宽以待人"，是古人的自律之道和处世之道。以极高的标准要求自己，同时要对他人保持宽容之心。宽容不是忍受，而是发自内心地理解、尊重别人。

三国时期的蜀国，在诸葛亮去世后任用蒋琬主持朝政。他的属下有个叫杨戏的人，性格孤僻，讷于言语。蒋琬与他说话，他也是只应不答。有人看不惯，在蒋琬面前嘀咕说："杨戏这人对您如此怠慢，太不像话了！"蒋琬坦然一笑，说："人嘛，都有各自的脾气秉性。让杨戏当面说赞扬我的话，那可不是他的本性；让他当着众人的面说我的不是，他会觉得我下不来台。所以，他只好不作声了。其实，这正是他为人的可贵之处。"蒋琬对下属的宽容大度，使他获得了"宰相肚里能撑船"的美誉。

很多时候，当事情出现不好的后果时，我们才猛然发觉，怨恨和愤怒不能解决问题，反倒使别人产生抵触的情绪，造成误解，让事情变得更加复杂。而如果善于宽容别人的过错，不但能很好地处理问题，还能与别人和谐相处。

善谋生者，
勤修恒业

【原文】

　　善谋生者，但令长幼内外，勤修恒业，而不必富其家；善处事者，但就是非可否，审定章程，而不必利于己。

【意译】

　　善于谋求生计的人，并不是有什么新奇的花招，只是使家中年纪无论大小，事情无分内外，每个人都能勤奋地各尽其职，持之以恒地做好分内的事，这样做虽然不一定能使家道大富，却能在稳定中成长。善于处理事务的人，不一定有奇特的才能，只是能根据事情如何才能完成，在可行与不可行处加以判断，订立出办理的规则和程序，而且，并不一定要对自己有利才去做。

【解读】

　　善于谋生持家的人，不一定善于积累财富，但总能把家中大小事务安排得井井有条，使家中大小各司其职，充分发挥自己的优点和长处，勤奋地劳作，刻苦地学习，家人和睦相处，日子越过越兴旺。相反，如果只把眼光盯在积聚财产上，却不懂长久持家、团结和睦的道理，很容易造成一时穷奢极侈，转瞬家道败落。

　　汉宣帝时，有疏氏叔侄两人。两人作为朝廷重臣，兢兢业业，恪尽职守。等到叔叔年迈之际，汉宣帝为感谢他们付出的辛苦，赐以巨金，送归祖籍。

　　按照常理，这叔叔和侄子拿了那么多钱告老还乡，原本应该置办用品，增添固业，颐养晚年，造福儿孙。而叔叔却不那么想，他觉得自己年岁已大，这么多钱这辈子都花不完，于是经常在村里举办宴席，宴请三老四少，每日呼朋唤友，玩得不亦乐乎，没过几年，这些钱就花得差不多了。而侄子的做法和叔叔相反，他把钱都攒了起来，对孩子们说，家里少有薄田，你们勤劳一点，刻苦持家，不会比别人过得差的。再则，他认为那么多钱留给子孙，只能使他们越来越懒，锦衣玉食消磨斗志，恐怕没有什么好处。如此一来，侄子后代们的日子果然过得顺风顺水，而叔叔的晚辈则生活得很艰难。

善于处理事务的人，不是凡事都首先考虑自己的利益，而是就事务本身进行分析，看其是否合乎道理，是否可行。从事情一开始到结束，都有清晰可循的思路，并制订出明确的规则，以保证其公正和顺利地进行。这样的人可以做到严于律己，一视同仁，赢得周围人的尊重与爱戴。而不善于处理事务的人往往不懂得规章的重要，做事没有章法和条理性，这样处理事务往往会陷入混乱，也难以得到众人的支持。

资质之高在忠信，非关机巧

【原文】

名利之不宜得者竟得之，福终为祸；困穷之最难耐者能耐之，苦定回甘。生资之高在忠信，非关机巧；学业之美德行，不仅文章。

【意译】

得到不该得到的名誉和利益，当初以为是幸运，最终就有可能成为不幸。最让人难以忍耐的贫穷和逆境，若能忍耐度过，最终一定可以出现转机。人的资质高低在于对任何事是否尽心而有信用，而不在于善用机变与心思巧妙。人学问的深浅，不仅在于文章优美，更在于道德情操高尚，品行美好。

【解读】

"天下熙熙，皆为利来，天下攘攘，皆为利往"，司马迁的这句名言道出了天下人追求功名利禄的普遍性，可如果是通过不正当的手段，得到本不该

菜根谭·小窗幽记·围炉夜话（精华版）

得到的名利，就不是好事。历史上常有不择手段谋取权位者，虽然一时飞黄腾达，飞扬跋扈，最终却往往因为胡作非为而身败名裂。

吴起是战国时期卫国人，早些年在鲁国做官，娶了齐国女子为妻。有一年，齐国大举进兵鲁国，鲁国国势衰微，而吴起善于用兵，鲁国人就想任吴起为将。但是，吴起的妻子是齐国人，就有人向鲁国君主进言，表示自己的担忧。当时吴起听说了这件事，为了功成名就，回家就把自己的妻子杀了，以表示自己和齐国没有关系。吴起如愿当上了鲁国的将军，率领鲁军大败齐军。

然而，吴起的这种做法，不但没有获得人们对他的尊敬，反而招致更多的非议。吴起曾求学于曾子。后来，他的母亲去世，吴起拒不奔丧，曾子看不起他，而与吴起断绝关系。吴起杀害自己的结发妻子，毫无人道之情，类似禽兽之举。这种人为了达到自己的目的，可以无所不用其极，真是令人毛骨悚然。连老母、妻子都不要的人，很难对别人忠心。这种人绝对不可以信任。吴起听说有人在鲁国君主面前说他的坏话，大为恐慌，连夜投奔当时的"明主"魏文侯。

读书是成长的重要途径，评判一个人学业的好坏，不能只看他文章写得优劣，还要看他的人品如何。能做到言行一致，知行合一，不只学问出色，做人也广受赞誉，才是真正值得学习的。所谓"成就"最终是靠人品和能力的双重作用得以实现的，如果为人不忠不信，一味凭借机巧，最终一定会被人识破，而失去所拥有的一切。

人无永逸，
心正神明

【原文】

人心统耳目官骸，而于百体为君，必随处见神明之宰；人面合眉眼鼻口，以成一字曰苦（两眉为草眼横鼻直而下承口乃苦字也），知终身无安逸之时。

【意译】

人的心控制着人的五官及全身，可以说是身体的主宰，时刻保持心智清醒，人的言行才不会出错。人的脸部是由眉、眼、鼻、口等部分组成的，把两道眉毛当作部首的草字头，把两眼看成一横，鼻子看成一竖，下面一个口字，恰巧组成了一个"苦"字。由此可知，人的一生之中苦多于乐，不能有安闲放纵的时候。

【解读】

每个人为人处事的方式各不相同，是由于人们的思想不同。人的心统帅着人的全身各个器官，就像一位君主统帅朝廷百官。君主如果贤明，天下则繁荣，君主如果昏庸，天下则混乱。同样的道理，人如果想品行端正，必须使自己的心时刻保持清明纯正。如果想让行为有格局、有气度，那么一定先设定自己的理想、志向。

五代画虎名家历归真从小喜欢画画，尤其喜欢画虎，但是由于没有见过真的老虎，总把老虎画成病猫，经常被人耻笑。由于他的性格倔强，脾气火爆，每次听到别人对自己的讥讽，都绝不轻饶。一天，他的母亲教导他：做人首先自己的内心要有气度，原本就是你画得不好，为什么别人说出来，你不去思考自己的错误，还要与人纠缠呢？历归真听了觉得非常羞愧。

于是他决心进入深山老林，观察真的老虎，经历了千辛万苦，在当地猎户的帮助下，历归真终于见到了真的老虎。通过大量的写生临摹，其画虎技法突飞猛进，笔下的老虎栩栩如生。从此以后，他又用大半生的时间游历了许多名山大川，见识了更多的飞禽猛兽，终于成为一代绘画大师。

人的脸部长着眉、眼、鼻子和嘴，如果把两眉看成部首中的"艹"，双眼看成是一横，鼻子看成一竖，下面加上一个"口"，看起来恰好是一个"苦"字。可见，人的整个生命过程中注定是苦多于乐，难得有安逸自在的时候。不过这个"苦"字并不是说人命中注定在苦难中度过，屈服于困苦，而是告诉我们如果想追求快乐的生活，就要奋斗不止，勤勉不缀。

贝多芬出生于德国波恩的一个贫穷家庭。他的家庭并不如普通家庭一般温馨、美好。他的父亲性情暴躁、喜怒无常，还沾有酗酒的恶习。贝多芬一出生就长着一张奇特的麻脸，父亲对他嗤之以鼻。严厉的父亲在贝多芬4岁时就开始强制性的教育，他要求小贝多芬每天练习钢琴和小提琴8个小时。不久，贝多芬的母亲因患肺结核病危，离开了人世。

而在贝多芬26岁时，他发现自己的听力急剧下降。对于一位风华正茂、踌躇满志的钢琴家和音乐家来说，听力的衰退不啻于世界末日。但贝多芬进行了顽强的抗争。当时的贝多芬爱恋着一位叫朱丽叶塔的姑娘，然而幼稚风流的朱丽叶塔却与一位男爵订了婚。耳聋的治愈日渐渺茫，又痛失心仪已久的恋人，这双重的打击并没有让贝多芬倒下，他反而用这些经历的苦难来鞭策自己，苦难造就了贝多芬和他的音乐。

纵然《围炉夜话》中一再提及，人的一生苦多乐少，然而，只要勤勉向前，做到心中有理想、有志向，心正自然神明，我们付出的诸多辛苦也一定会有得到回报的那一日。

第 24 章

坚韧:
我心坚韧,成事之始

在世无过百年，
谋生各有恒业

【原文】

　　在世无过百年，总要作好人，存好心，留个后代榜样；谋生各有恒业，那得管闲事，说闲话，荒我正经功夫。

【意译】

　　人活在世上不过百年，应该做个好人，存一颗善心，为后辈儿孙树立学习的榜样；谋生是长久的事业，哪有时间去管一些无聊的闲事，说些没有意思的话，耽误了应该去完成的工作。

【解读】

　　人生苦短，不过百年。在这有限的生命中，心怀善念，多做善事，为人谦卑恭敬，便会得到他人的尊重与赞赏，赢得千古流传的名声，不仅自己一生无愧，留给子孙与世人的恩泽也流得长远。如若做尽违背良知之事，不仅自己遭人唾弃，后代子孙脸上也无光。

　　东晋晚期的权臣司马道子，是晋简文帝司马昱第七个孩子，被封为琅琊王。司马道子在孝武帝朝与皇室血缘最近，被委以朝政大任。然而孝武帝和司马道子皆嗜酒，司马道子任用小人，导致朝政渐见败坏；而孝武帝信任的臣下大多不齿司马道子的做法，两派之间矛盾造成斗争。当时孝武帝信任的重臣责问司马道子："为什么作为重臣，竟做一些违背良心之事？长此以往，终将被世人所唾弃。"然而司马道子不以为意。

　　孝武帝死后，司马道子辅政掌权，继续任用王国宝等宠臣，招来王恭二度讨伐，最终倚靠儿子司马元显平定。之后政事皆由司马元显掌握，司马道子则沉溺于酒色之中。最终导致整个国家败于桓玄，他自己背负了千古骂名不说，还惨遭流放，不久被御史杜竹林毒杀。时年39岁。

　　其实以当时司马道子的权力，他如果想真心为国家、为人民做事还是有很

菜根谭·小窗幽记·围炉夜话（精华版）

大活动空间的，然而，他偏偏心术不正，将心思用在一些无聊的事情上，最终不但得不到他人的尊敬，还连累子子孙孙背负千古骂名。

人的一生其实非常短暂，时间转瞬即逝，经不起浪费蹉跎，因而要专注于自己的正业，循序渐进，逐步走向无憾的终点。如若将流光抛掷在闲事上，或为一己私欲所累，等到暮年时，就会发现一事无成。只有刻苦勤奋，心地光明，才能做成大事。

有才韬藏，
凸显坚韧的力量

【原文】

有才必韬藏，如浑金璞玉，暗然而日章也；为学无间断，如流水行云，日进而不已也。

【意译】

有才能的人必定勤于修养，不炫耀张扬，就像未经提炼的金、未经雕琢的玉一般，虽不炫人耳目，但时间久了便知其内涵与价值。做学问一定不可间断，要像飘浮的行云和不息的流水一样，永远不停地前进。

【解读】

真正有才能的人往往像没有经过提炼的金子、没有经过雕琢的玉石一般深藏不露。汉代的韩信，少年时期只是一介平民，性格放纵、不拘礼节，四处游荡而不能自食其力，受到乡里的嘲笑。可当他受到刘邦重用后，展现出出色的军事才华，率汉兵大破楚军，为刘邦建立西汉立下奇功，被萧何赞誉为"国士无双"，成为千古名将。像韩信这样的人才，最初也许没有被赏识，但只是暂时被埋没了而已，终有一天会发光的。

治学同做人一样，都需要持之以恒。荀子在《劝学》中说："不积跬步，无以至千里；不积小流，无以成江海。"治学不能心浮气躁，一曝十寒，而贵在锲而不舍，循序渐进。

宋濂小时候家境贫寒，买不起书，也上不起私塾，可他非常喜欢读书，只好向人家借。每次借书，他都讲好期限，按时还书，从不违约，所以人们都乐意把书借给他。

一次，他借到一本书，越读越爱不释手，便决定把它抄下来。因为还书的期限就要到了，他不得不连夜抄书，时值隆冬腊月，滴水成冰。母亲劝他说："孩子，都半夜了，又这么冷，人家又不是等着这本书看。"而宋濂却说："不管别人等不等这本书看，到期限就要还，这是个信用问题。如果说话做事不讲信用，失信于人，又怎么能得到别人的信任和尊重呢！"又一次，宋濂在夜晚看书，母亲看到他的手因为天寒地冻，都裂了，心疼得眼泪直流，可宋濂居然根本不知道。当宋濂的母亲和老师说起这件事，老师感动地称赞道："年轻人，守信好学，为了学业，不心浮气躁，锲而不舍，将来必有大出息！"最终，宋濂成为明朝开国文臣之首。

无论是在工作中还是学习中，我们都必须具备坚韧不拔的品质。只要能做到持之以恒，时刻注重提升自己的修养，将来肯定会有展示自己才华的一天，就算暂时被埋没，假以时日，终究也会有用武之地。

肯屈居人下，才能出人头地

【原文】

欲利己，便是害己；肯下人，终能上人。

【意译】

一心为自己谋求利益的人，往往反而害了自己。能够屈居人下而无怨言，终有一天会出人头地。

【解读】

做一件事的初衷，如若只是从中谋取利益，那肯定会深受其害。以自我为中心，就会变得自私自利，从而无视他人感受，甚至会为一己私利而损害他人利益。这样一来，必会招致他人的不满与排斥。最终，不但不能很好地完成这件事，而且有损和谐的人际关系，同时自己也一无所获。

有两个大学毕业生被分到同一家大公司实习。因为没有经验，他们每个月在公司的业绩排名始终靠后，他们两人都深知，到实习结束这家公司只能留下他们中的一个。小李上学的时候就出了名的脑筋灵活，而小张则是一个老实木讷的人。小李问小张打算怎么做，小张说："我没怎么想啊，好好干呗。"小李在心里暗暗笑话小张太傻。

小李没有去好好地做业绩，反而在公司里搞起了人脉关系，他觉得，无论怎么拼，也只剩下两个月时间，自己和小张的业绩不会差太多，可是，自己如果有了人脉，别人为自己说点好话，那么，反正是在两个人中间选择，走的人肯定会是小张。

没过多久，又是请客、又是替同事跑腿的小李很快和同事打成一片，而小张仍旧抱着厚厚的资料出去跑业务，风雨不误。

两个月的时间稍纵即逝，经理在例会上表示，今天就将在两个人中选择一个留下来。小李觉得自己稳操胜券，因为大家都力挺小李，认为他适合这份工作。没想到的是，经理亮出了这个月的业绩，勤勤恳恳的小张竟然冲进了公司前十名。经理语重心长地看着小李说："我们这里是营销部，不是公关部。无论到什么时候，我看的都是一个人的工作态度还有他的业绩，就算小张这个月的业绩不如你，我也早就认定小张是留下的不二人选。"

有谚语说道："吃得苦中苦，方为人上人。"为人处世，如若肯居于人下，谦逊做事，低调不张扬，并且善于学习，自然能如上阶梯那样，步步攀升，渐趋高峰，最终出人头地。

闻人誉言，
加意奋勉

见人善行，多方赞成；见人过举，多方提醒，此长者待人之道也。闻人誉言，加意奋勉；闻人谤语，加意警惕，此君子修己之功也。

【意译】

当我们看到别人有良善的行为时，应多多地去赞扬他；看到别人有过失时，也能多多地去提醒他，这是具有长者之风的人待人处世的方法。当听到他人对自己进行赞美时，我们应该更加奋发图强；当听到别人批评毁谤自己的言语时，就更需要注意自己的言行举止，这是有道德的君子修养身心的方法。

【解读】

待人、修身、治学，应该择其善者而从之，而长者、君子就是我们应该学习的"善者"。那些德高望重的人，因经历过世事沧桑，早已看透世情，懂得人情世故，他们在说话、待人处事时考虑得更为周全，不会像年轻人一样只凭一腔热血行事。而德行端正的君子，为人坦率、真诚、重信用、讲信义，说话、做事表里如一，是人们的道德典范，也是修身治家的榜样。所以，年轻人应该多向他们学习、请教。

古希腊的著名哲学家苏格拉底，不但才华横溢、著作等身，而且广招门生传授毕生所学，他经常运用著名的启发谈话法来启迪青年智慧。每当人们赞叹他学识渊博、智慧超群的时候，他总是谦逊地说："我唯一知道的就是我自己的无知。"苏格拉底为人的谦虚，使他的学生们受益匪浅，不但在学业上有了很大的进步，在德行上也与老师一样，谨言慎行，异常地谦虚，待人处事具有长者之风。

生活在尘世中，无论做人还是做事，都要阳光、向上，凡事去想积极的那一面，例如有人说你的不足，那么，不要去想自己是不是哪里得罪了对方，而是要从自身入手，弥补不足；而当有人夸奖自己之时，更要鼓励自己以后要做得更好，而不存沾沾自喜之心。

春秋时代，齐威王为听真话，颁布了一个命令："群臣吏民，能面刺寡人之过者，受上赏；上书谏寡人者，受中赏；能谤议于市朝，闻寡人之耳者，受下赏。"这道命令用现代的话说就是：无论大小官员还是普通老百姓，凡能当面批评威王过失的，给予上等的奖赏；如果书面奉劝威王，受中等奖赏；能够在公众场所批评议论威王的过失，并传到威王耳朵里的，受下等奖赏。结果百姓们听了纷纷献计献策，齐国大治，国力日盛。

大到治理一个国家，小到为人处事，都应抱有积极向上的坚韧之心。无论面对多少流言飞语，或是夸奖赞誉，始终能认清自己，并积极地提升自己，天长日久，必能成为人人称颂的真君子、伟丈夫。

心不妄动，
保持清醒

【原文】

程子教人以静，朱子教人以敬，静者心不妄动之谓也，敬者心常惺惺之谓也。又况静能延寿，敬则日强，为学之功在是，养生之道亦在是，静敬之益人大矣哉！学者可不务乎？

【意译】

程子教人"静"，朱子教人"敬"，"静"是心不起妄动的念头，而"敬"则是常保清醒。由于心不妄动，所以能使寿命延长，由于保持清醒，所以不断地成长，做学问和养生的方法都在于此，"敬"和"静"二者对人的益处非常之大，学子怎么可以不在这两方面多下工夫呢？

【解读】

修养身心贵在做到心静和持敬。所谓心静，即是指任凭外界喧哗繁闹，自己的心始终静如止水，不为外界所迷惑，更不会随波逐流。所谓持敬，即是指对万物存敬重之心，使自己时刻保持清醒而不混沌。如此看来，静是一种不动的功夫，而敬则是修养的功夫。

所有见过武侠小说泰斗古龙先生的人无不对他的才思敏捷、出口成章敬佩万分，然而，在他享誉文坛的初期，自己却曾陷入一种莫名其妙的怪圈。他原本才华横溢，无论是写剧本还是写诗歌、散文都可以一挥而就。所有业内人士都知晓他的才气。可他忙碌许久，却发现自己居然没有代表作。提起他的大名无人不知，无人不晓，可是，要说起他的著作，却多而杂，无法说出哪部能代表他的最佳水平。

于是他闭门一周，冥思苦想后，给自己制订了一个计划。首先，他推掉了各种宴请，让自己的心静下来，专心而集中地写武侠小说。然后，他拔掉了电话插头，让自己的身心达到程子与朱子所说的"静"和"敬"的状态。由于古龙心无旁骛，很快就脱颖而出，成为新派武侠小说领域中的佼佼者。而他所创作的系列武侠小说，至今仍然是读者和众多名导演争相追捧的经典。

无论是做学问还是养生，集中精力，心不妄动，说的是一种全情投入的工作态度。因为我们的内心世界需要整合，只有保持清醒的头脑，才不致精力涣散，我们只有把所有的热情都专注在一个点上，才会在这个点上获得成功。

鬼谷子曾经说过："心散则志衰，志衰则思不达"，而思不达则事难成。世界如此纷扰而浮躁，能扰乱我们心神的事情车载斗量，如果我们不能很好地掌控住自己的内心，就很难在这世间开辟一方立足之地。

能做到心静的人，心思始终如一，精神安宁，不生烦恼。能做到持敬的人，不死寂，亦不昏沉，时常保持清醒的头脑，自如地应对万事。能做到这两者的人，定能涵养精神，成事延年。

参 考 文 献

［1］徐永彬，评注围炉夜话［M］.北京：中华书局，2015.

［2］杨春俏，.评注菜根谭［M］.北京：中华书局，2013.

［3］华丰，译解菜根谭［M］.北京：中国纺织出版社，2012.

［4］陈继儒，小窗幽记［M］.北京：中国画报出版社，2012.

［5］成敏译解，小窗幽记中华智慧经典［M］.北京：中华书局，2015.

［6］柏涵编著，菜根谭精粹大全集［M］辽宁：沈阳出版社，2012.

［7］韩希明，解析菜根谭中华经典随笔［M］.北京：中华书局，2008.

［8］诸葛瑾，菜根谭的智慧［M］.辽宁：东北师范大学出版社，2010.

［9］张德建，解析围炉夜话中华智慧经典［M］.北京：中华书局，2014.

［10］姜辣.译解围炉夜话［M］.吉林：吉林文史出版社，2007.

［11］武俊平，江畔，围炉夜话品读101［M］.内蒙古：内蒙古出版社，2009.

［12］罗利刚，解读小窗幽记［M］.上海：上海古籍出版社，2000.

［13］老泉，左手增广贤文，右手小窗幽记［M］.北京：中国城市出版社，
     2010.

［14］阿龙，学会涵养心性的小窗幽记［M］.北京：华夏出版社，2012.

［15］崔北方，从小窗幽记读懂中国人［M］北京：群众出版社，2012.